福建传统印刷图鉴

Fujian Traditional Printing Guide

方宝川◉主编

龚晓田 王晓戈◉著

漳州木版年画卷

海峡出版发行集团
THE STRAITS PUBLISHING & DISTRIBUTING GROUP

福建美术出版社

图书在版编目（ＣＩＰ）数据

福建传统印刷图鉴. 漳州木版年画卷 / 方宝川主编；
龚晓田，王晓戈著. -- 福州 ：福建美术出版社，
2019.12
ISBN 978-7-5393-4061-6

Ⅰ．①福… Ⅱ．①方… ②龚… ③王… Ⅲ．①印刷史
－福建－图集 Ⅳ．① TS8-092

中国版本图书馆 CIP 数据核字 (2019) 第 297255 号

出 版 人：郭　武
责任编辑：郭　艳
出版发行：福建美术出版社
社　　址：福州市东水路 76 号 16 层
邮　　编：350001
网　　址：http://www.fjmscbs.cn
服务热线：0591-87669853（发行部）　87533718（总编办）
经　　销：福建新华发行（集团）有限责任公司
印　　刷：福州雄胜彩印有限公司
开　　本：889 毫米 ×1194 毫米　1/16
印　　张：7.5
版　　次：2019 年 12 月第 1 版
印　　次：2019 年 12 月第 1 次印刷
书　　号：ISBN 978-7-5393-4061-6
定　　价：60.00 元

序

FU JIAN CHUAN TONG YIN SHUA TU JIAN
ZHANG ZHOU MU BAN NIAN HUA

福建，古之七闽，偏居东南一隅，《周礼·夏官》所谓："四夷、八蛮、七闽、九貉、五戎、六狄"之一也。战国末年，闽越融合。闽越族在其首领无诸的领导下，建立了强大的闽越国，活跃于东南沿海的广大区域，闽越文化一直波及到了当时之"岛夷"，即现在的台湾。秦初，一统天下，始皇废闽越王无诸为君长，以其地为闽中郡。汉兴，高祖五年（前202），汉廷复封无诸为闽越王，在闽中故地立国。汉武帝元封元年（前110），汉王朝剪灭闽越国，设冶县。此后，中原汉族逐步开始移民福建。由于福建远离当时全国的政治、经济、文化的中心，所以在隋唐以前，经济与文化均不甚发达。直至唐末五代，王潮、王审知昆仲，开发福建，创立闽国地方政权，始兴学重教。宋代以降，随全国政治、经济、文化重心的南移，福建文化，异军突起。昔日闽越蛮荒偏远之地，已被时人誉为"东南全盛之邦"，且有"海滨邹鲁"之称。

中国古代的印刷术，包括雕版印刷和活字印刷。雕版印刷品，除了主要的图书刻本以外，还包括版画、年画、官方文书、票据等等。福建古代的雕版印刷，是中国雕版印刷史最重要的组成部分，且具有鲜明的地域特征与深远的历史影响。随着宋代福建文化的异军突起，福建建阳坊刻林立，号为"图书之府"，已成为当时全国三大刻书中心之一，而且"其多闽为最"。北宋福州刊刻的《崇宁万寿大藏》《毗卢大藏》《政和万寿道藏》三大佛、道经藏，共完成雕版多达40万片，镌字3亿多个，雕造规模之浩大，令人惊叹不已。

尤值一提的是，元代建阳余氏"勤有堂"的《古列女传》刻本的123幅木刻插图，明代刘素明绘画上版的《殊订西厢记》木刻插图，在我国版画史上具有筚路蓝缕的开创之功。由余、刘等建阳书坊开创的建刻版画艺术，淳朴古拙，造型简略，形象洗练，画面生动，刀法圆润，线条粗实，有力地促进了后来"建安画派"的形成，并对后来版画艺术的发展，产生了深远的历史影响。

民俗文化既表现出一脉相承的内容，又因为经济与地域的发展自然情况的差别而呈现出纷繁的流变。随着中原汉族逐步移民福建的历史进程，到了宋代，以炎黄文化为主体的福建民俗文化已完全成熟与定型。由于年节习俗是民俗文化最重要的组成之一，它集中反映了民俗观念及其代表的民族心理，年节习俗的文化涵义及其相沿成习的各种民间活动，被赋予了特殊的社会文化意义。源自中原地区的木版年画，遂成了福建民间过年过节所必需的商品。福建的木版年画，除了表现传统的历史传说、宗教神话、小说演义、名胜古迹、戏曲故事、游戏童玩、节庆活动等内容之外，同时也具有了鲜明的福建区域民俗文化特色。明清时期是福建木版年画发展的辉煌时期，这一时期的木版年画种类繁多、式样丰富、题材广泛，内容遍及福建社会生活的各个方面。

福建文化是中华文化一体多元的一个重要地域文化，作为福建文化重要组成部分的闽南文化，则更凸显了鲜明的地域特征。闽南的自然地理、历史沿革、风土人情以及社会结构，形成了深厚的文化底蕴和独特的人文魅力。闽南文化是一种辐射性很强的区域文化，在长期的承传与流变的过程中，不断地向台湾及东南亚地区传播。就其漳、泉为代表的闽南木版年画而言，汲取了闽南传统图书插画与雕版印刷技艺的精华，融汇了北方年画的雄浑粗犷与南方年画的秀气雅致，题材丰富、品类多样、造型雍容、色彩华丽，显示出很高的艺术造诣。它既是我国民间艺术的瑰宝，又是考察闽南社会生活的一个独特视角，同时也是闽南民俗与图式传承的一种重要载体。明末清初，漳、泉生产的木版年画开始大量输入台湾，对台湾民间年节习俗生活，以及台湾的木版年画行业的发展，都产生了重要的影响。闽台两地木版年画的一脉相承，又是海峡两岸中华传统优秀文化传承与交流的另一重要见证，使之成为闽台两岸历久弥新的共同文化记忆，承载台湾同胞持久的故土情结，启迪不懈的寻根心路。

由于现代先进印刷技术的传入，对传统雕版印刷行业产生了巨大的冲击。尤其是近半个世纪以来，年画艺人纷纷转行，加之经历了一些特殊的历史时期，许多地区的年画雕版并未得到妥善保存，不少木版年画的相关雕印技艺亦几近消失。目前，福建省内仅有漳州木版年画雕印技艺相对完整地保留了下来。2006 年，漳州木版年画被列入了我国第一批国家级非物质文化遗产名录。至今存世清代雕版 300 余块，成为我们今天了解和研究福建民间木版年画最重要的实物资料。

十分可喜的是，福建民间美术研究的后起之秀龚晓田、王晓戈等老师，近年来一直潜心于以田野调查为基础，以艺术文化学、社会学和民俗学相结合的研究范式，对漳州木版年画的历史发展、雕印技法、经典作品解读，以及技艺传承谱系等方面，均做出了系统的展现，如今编撰了《福建传统印刷图鉴——漳州木版年画卷》一书。该书基于非物质文化遗产保护与研究的视域，概述了漳州木版年画的发展历史、艺术特征及其文化影响，归纳了漳州木版年画的分类与经典图式，记录了漳州木版年画的制作工艺，总结了漳州木版年画的传承谱系与发展现状。书中还悉心撷选了部分精美珍贵的雕版年画图片，楮墨清香，洋溢纸上，展卷阅读，赏心悦目。

全书告竣之际，摩挲新卷，先睹为快，不禁喜出望外。为了使漳州木版年画传统技艺与艺术特色，愈发显示出其珍贵的历史价值，并为推动当今新时代中国特色社会主义思想文化建设，实现中华优秀传统文化的创造性转化与创新性发展而添砖加瓦，愿与龚晓田、王晓戈等诸同仁共勉之！

是为序。

方宝川

2019 年 12 月 25 日

（本文作者系福建师范大学图书馆原馆长，现福建师范大学闽台区域研究中心教授、博士生导师，享受国务院政府特殊津贴专家，福建省文化名家。）

目录

四、漳州木版年画传承谱系与发展现状

112　后　记

一

漳州木版年画概述

　　福建漳州是我国著名的传统木版年画产地之一。漳州木版年画以其历史悠久、题材广泛、色彩绚丽、风格独具、影响深远而为世人瞩目。它既融合了我国北方年画的雄浑粗犷与南方年画的秀美雅致，又兼具闽南本土古朴而神秘的东南沿海风貌，是我国民间艺术中的瑰宝。2006年，漳州木版年画被列入中国第一批国家级非物质文化遗产名录。

（一）古城漳州与闽南民间文化生态环境

漳州地处福建省南部，背山面海，东北与泉州接壤，西北与龙岩相连，毗邻厦门、汕头，与台湾隔海相望。漳州是亚热带季风性湿润气候，海岸线长，良港众多，农业和渔业都较为发达，物产丰富，素有"花果之城""鱼米之乡"的美称。

漳州历史悠久，是闽南地区著名的历史文化名城。早在旧石器时代，这里就有人类生活繁衍。漳州夏时属扬州地，周时属七闽地，战国时属越，晋义熙九年（413年）属义安郡；南朝梁天监年间（502—519年）属南安郡。隋唐以前，这里尚是一片蛇豕出没的荒凉之地。据《隋书·南蛮传》载："南蛮杂类，与华人错居，曰蜑，曰獽，曰俚，曰獠，曰㒤，俱无君长，随山洞而居，古先所谓百越是也。其俗断发文身，好相攻讨，浸以微弱；稍属于中国，皆列为郡县。"南蛮"性悍骜，言语侏儒，楚粤滋蔓尤盛。闽中山溪高深处往往有之。……随山种插，去瘠就腴，编荻架茅以居。善射猎，涂矢以毒，中兽立毙。其贸易，刻木大小长短为符验。能辨华文者，其酋也。"

唐高宗总章二年（669年），因"蛮獠啸乱"，

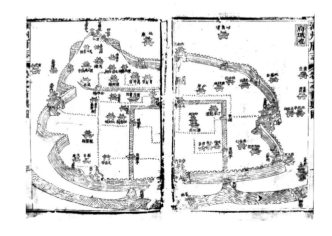

朝廷派将军河南固始人陈政率府兵3600多人入闽平"叛"。仪凤二年（677年），陈政病卒，其子陈元光袭父职。陈元光善用兵，不久即俘

敌万计，岭表悉平。随后陈元光开始驻军屯垦，拉开了大规模开发漳州的序幕。唐垂拱二年（686年）十二月始设漳州，陈元光任刺史。陈元光开漳治漳期间，鼓励开荒，兴修水利，施行"唐化"教育，传播中原文化，融合汉蛮民族，使处于闽粤间的这一蛮荒之地走向初步繁荣，漳州与中原地区在政治、军事、经济、文化上逐步统一，成为"扼

闽粤之吭，开千百世衣冠文物"的八闽名邦之一。陈元光开发漳州的功绩受到历代朝廷的褒封和百姓的尊崇，他死后被闽南人民奉为"开漳圣王"。

由于地处东南一隅，漳州在宋代时战祸较少，社会比较安定，人口迅速增长，经济得到了长足的发展。漳州古有闽南佛国之称，据《漳州府志》记载，唐代时漳州兴建寺属院 12 处之多，到宋代佛教更为兴盛，成为当时著名的佛教中心之一。随着朱熹倡导的"闽学"兴起，宋代时漳州也成为全国著名的文化中心，一时间名人辈出，兴办书院成为社会风气。宋绍熙年间，朱熹知漳州府，他"每旬之二日必领属官下州学视诸生，讲小学，为其正义；六日下县学，亦如之"。同时朱熹还大力提倡摒除民间陋习，推广教育，使漳州赢得了"海滨邹鲁"的美称。至宋淳祐年间（1241—1252 年），漳州人口增至 16 万多，城

廊围长扩至 15 里，成为闽南及闽西政治、经济、文化重镇。

漳州拥有众多天然良港，漳州先民自古"以海为田"，多从事渔业和海洋贸易。明代时的漳州月港与汉唐时期的福州甘棠港、宋元时期的泉州后渚港和清代的厦门港，并称为福建的"四大商港"。明初期厉行海禁，"申禁人民无得擅自出海与外国互市"，直到明代隆庆年间才开始准许对外通商，"贩东西诸番"，促进了漳州对外贸易的迅猛发展。这时的漳州月港取代了泉州后渚港，成为南中国海上贸易的中心港口，漳州也由此进入了历史上最繁荣的时期。明隆庆年间（1567—1572 年），月港一地税收为每年几千两白银，到明万历二十二年（1594 年）已增至 2.9 万多两。当时漳州以"孤屿遥屯，前代不甯瘠土，忽而声名文物，成为东南一大都会"。明末清初，郑成

功、郑经父子与清军在闽南沿海对峙拉锯，战争持续近四十年，战火殃及月港。清廷为扼制郑氏，在沿海实行"迁界"政策，沿海三十里地带划为"弃土"，由此，月港航运商贸逐渐萧条，逐步为厦门港取代。

　　漳州民风淳朴平和，有重农、重儒、重商的传统。《漳州府志》载："漳郡夙承朱子教泽，流风余韵在在可思，而又有陈北溪先生倡于前，梁村蔡文勤公承于后，生长此邦，幸楷模之未远，宜乎整躬率物，士习端、氓俗茂矣。"陈元光开漳至今一千三百多年来，漳州一直是闽南地区的政治、经济、文化重镇。漳州物产丰富、手工业发达、交通便利、商贸繁荣、文艺兴盛等客观条件，为闽南民间美术的发展提供了丰厚的土壤，也为漳州木版年画的产生与发展提供了良好的经

济、文化环境。

　　福建闽南文化是极具地域特色的文化类型，其迥异于中原的海洋地理环境和以海洋文化为特征的闽越土著文化遗留，以及闽南地区依托海洋发展商贸的历史经历，使闽南文化体现出独特的海洋文化精神。同时，闽南文化也深受中原文化

漳州东山剪瓷雕工艺

的影响，是中华文化的重要组成部分。由于历史和地缘关系，许多早已在中原大地消失的文化形态和种类，在福建不仅得以保存、活跃，而且呈现了持续发展的态势。作为闽南文化发源地和保存地的厦门、漳州、泉州，保存了众多原生态的民族民间文化，其中包括闽南民俗文化、戏曲文化、建筑文化、宗教文化、民间美术等。闽南地区的厦漳泉三地，目前共有 56 项国家级非物质文化遗产项目和 147 项省级非物质文化遗产项目，分别占国家级和福建省级名录项目总数的 47% 和 41%（数据截至 2015 年 5 月）。2011 年至 2016 年由中国文化部命名的福建省 43 个"中国民间文化艺术之乡"中，就有 14 个在闽南地区。这些丰富的民间文化相互渗透、相互依托、互为表里，集中了反映闽南地区多民族的历史渊源、生产方式、生活习俗、观念形态、民间信仰及其赖以生存的自然环境和社会环境。总之，闽南富饶的民间文化生态环境是漳州木版年画产生、传承、发展的文化基础。

1   1   闽南传统木雕工艺

2   2   漳州木偶雕刻世家传人徐竹初

                 先生现场雕刻

（二）漳州木版年画的起源与发展

中国传统木版年画是传统社会生活中以自然民俗生活为基础，以民间文化系统为支柱的一种民俗事象，它所反映的是上古社会延续下来的民间神灵信仰观念以及人们对美好生活的诉求。年画以其独特的艺术功能，深深地扎根于民众的各类社会民俗生活中，并与当地的社会时尚、民俗风情、宗教信仰相互依存，是地域民俗文化与民俗生态的重要表征。

古代福建自然环境较为恶劣，古代闽越人"信巫尚鬼、好淫祀"。他们长于舟楫，并把蛇视为与本氏族有着特别亲缘关系的"灵物"，有断发文身的习俗。《说文解字》在解释"闽"字时说："闽，东南越，蛇种。"即表述了闽越人的这种蛇图腾崇拜观念。闽南人靠海之便，多从事渔业或海上贸易，常

福建传统印刷图鉴·漳州木版年画卷

年泛舟于汪洋之中，风云莫测，生死难卜，几乎家家都祈求神灵保佑平安，宗教及民间信仰之风极盛。对神灵的虔诚信仰与民间娱乐的需求共同

促成了闽南地区民俗活动的兴盛。丰富的民俗活动又为漳州年画等民间艺术提供了表现的舞台。

南宋淳熙年间成书的《三山志》记载了"元日、立春、上元、寒食、上巳、三月廿八、四月八、端午、七夕、中元、重阳、冬至、岁除"这13个主要的民俗节日。同时在"桃符·钟馗"条下写到"书桃符置户间，挂钟馗门上，禳厌邪魅。今州人，岁暮，画工市之"。可知宋代时，中原主要岁时年节习俗都已传入福建，门神年画成为当时年节时必需的商品。

据明谢肇淛《五杂俎》载："（闽）方言以'灯'为'丁'，有添设一灯谓之'添丁'。"因此，

闽南的许多节日都有赏灯习俗。不仅是元宵灯节，漳州民间一年12个月都有各种民俗节庆活动，逢节家家户户都会张挂各色彩灯。这些彩灯多用木版画装饰。此外，新年贴门画、新婚时贴添丁进财图、做寿仪时贴寿春图、五月端阳节贴龙船图、八月中秋节贴八仙图等，丰富繁多的民俗活动为年画提供了广阔的市场需求和创作空间，促进了漳州年画的繁荣。

自宋代始，漳州民间戏曲已经非常兴盛，明清时期的锦歌、竹马戏、木偶戏风靡一时，近现代漳州芗剧、潮剧、木偶戏（掌中木偶、提线木偶、铁枝木偶、皮影）、竹马戏、四平戏等地方戏曲种类依然十分活跃。漳州年画中也出现了大量与民间戏曲相关的内容。这些年画构思巧妙、刻画传神，多为清代雕版印制，是反映当时戏曲艺术的"活化石"，极具研究价值。

漳州年画中也有很多表现民俗风情和庆典活动的内容。如反映日常生活的《九流图》《端午节》等，以及反映时事、提倡爱国的年画《革军大战武昌城》。这些年画都是现实生活的直接写照，不但表现出了当时的时代风尚、社会风俗和历史变革，也反映出民间年画的巨大的精神活力和思想锋芒，可作为研究当时社会生活最直观的形象资料。

漳州物产丰富、交通发达，是闽南重要的商贸重镇。与漳州相邻的四堡古镇，又是明清时期全国四大雕版印刷基地之一，书坊林立。受此影响，漳州一直是闽南雕版图书的重要产地和销售中心，漳州雕印的书籍不但销往全国各地，还远销海外。目前在台湾还能见到漳州书坊印制的各类书籍。

漳州木版年画始于宋末，明、清时期最为兴

盛。明代初年，漳州有"曲文斋""多文斋"等书坊兼营年画，促进了木版年画绘画、雕版和印制技艺的提高。明代漳州年画的题材和构图形式渐趋稳定，并与民俗活动紧密结合，随着漳州月港的兴起开始大量输出海外。清代"康乾盛世"的一百三十多年间，漳州经济繁荣，生活安定，带动了漳州年画的繁荣。清代到民国时期，漳州

的年画作坊发展到二十余家，著名的有"裕泰作坊""丰盛作坊""汝南作坊""联大作坊""同盛作坊""彩文楼""洛阳楼""锦华堂"等。漳州年画不仅销往本省的闽南、闽西地区，也销往相邻的台湾省及广东省的饶平、黄岗、梅县、海南等县市，还大量远销到仰光、新加坡等东南亚各地区，深受当地华侨华人喜爱。

漳州年画作坊中影响最大的当属颜氏家族所有的"颜锦华"老店。据清同治年间刊刻的《颜氏族谱》记载：颜氏家族原籍山东曲阜，其先祖颜泊于唐时由固始入闽，因平闽粤有功，封建德侯，为福建颜氏始祖。此后六传至颜恺（1009—1077），恺字汝实，号朴庵，北宋庆历年间以贡举辟任漳州路教授，遂居青礁，德行文章名于世，为颜氏漳州肇基始祖。二十五世颜天祥迁居漳州怀恩巷。清道光年间，二十九世颜廷贯、颜神福兄弟深悉官场昏暗，先后辞官回漳州杨老巷总兵府定居。廷贯善画，神福善刻，两人遂合营开设书画作坊，成为漳州颜氏木版年画创始人。后颜氏作坊分设黑红两房，黑房刊刻科举必读之书，红房则专营木版年画。由于经营有方，逐渐在漳州同行业中崭露头角，并开始赎买兼并"胡庆堂""文华堂"等印书作坊，并赎用"文华堂"为店号经营。至光绪年间，第二代传人颜腾蛟经营的年画作坊继续赎买兼并书籍作坊"多文

斋""多艺斋"及年画作坊"恒记"，除继续以买来的店号经营外，颜腾蛟还创办了"颜锦华"店号。出口业务长期与厦门"洪通成纸店"挂钩经营。清宣统年间，第三代传人颜永贤、颜永庄成立"俊记"，以"颜锦源"为店号经营年画生意，雇工达六十余人之多。第四代传人颜镜明先生为颜永贤第六子，主掌家族的年画事务，他与兄弟镜清、镜光、镜亮、颜谋等七人分工合营，继续以"颜锦华"为店号经营祖业。此后颜镜明将原店号"颜锦源"留给侄儿颜玉成，自己另创"颜三成"店号。新中国成立后，由第五代传人颜文华先生创办"余珍亭社"经营木版年画，第六代传人颜仕国先生开办"漳州颜锦华木版年画馆"，继续传承家族事业。

颜氏家族人才辈出，除颜廷贯、颜神福外，

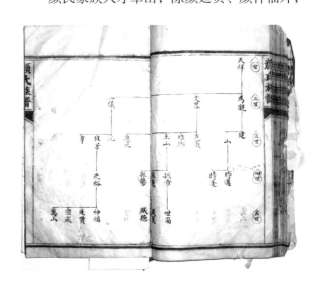

廷贯之子颜腾蛟擅长画、刻、印；腾蛟之子颜永庄是名画工，颜永贤擅长雕版。由于生意兴隆，颜氏家族名下的系列作坊聚集了众多的优秀民间书画家、雕刻家，他们不仅吸收了传统木版雕刻艺术之精华，还善于从现实生活中发现新的素材，极大地丰富了年画的表现题材和内容，从而使漳州年画达到极高的艺术水平。鼎盛时期，颜氏设在杨老巷祠堂的作坊占地面积达一千二百多平方米，工人多达近百人，另在道口街一带还设有九间刻字铺，为总店业务服务，年画品种也增至二百余种，部分品种成交量在数百刀以上，生意极为红火。

抗日战争前后，漳州的年画作坊纷纷倒闭，颜氏家族在此时将各家的木版年画雕版全面收购，集于一家，确立了自己在漳州年画行业的垄断地位。新中国成立后，漳州城乡逢年过节张贴木版年画的习俗渐渐消失，这加剧了木版年画市场的衰落，漳州年画基本停产。"文化大革命"期间，闽南木版年画受到巨大冲击，泉州年画画版被付之一炬，几乎荡然无存。颜氏家族掌门人颜镜明及次子颜文华千方百计将雕版运到乡下老家封存，使大部分老雕版得以保存。至今颜家依然保存有文字雕版两千余块，年画雕版近三百件、七十余套，其中大部分为清代老版，尚能小批量印制。现存的漳州颜氏木版年画色彩华丽、造型雍容、绘画精美、刀工细致、品种丰富，涵盖日常生活的各个方面，是我们研究闽南木版年画最重要的资料。

（三）漳州木版年画的艺术特征

中国传统木版年画以构图饱满、造型质朴、色彩鲜明著称。相对而言，北方年画简洁明快、雄浑质朴；而南方年画则秀丽清新、富丽堂皇。漳州年画融合北方年画的粗犷豪放、造型朴实与南方年画的灵巧纤美、精致秀丽于一身，线条精练，造型雍容古朴、色彩雄浑，富有装饰趣味。它是中原文化和闽南民俗相结合的产物，体现出浓郁的闽南地域文化特色，也与福建民间工艺美术富丽、精巧的整体艺术风格相一致。

漳州年画风俗的形成与唐代中原文化的传入有直接的关系。唐代陈元光开发漳州，带来了大量的中原移民，并直接将中原地区的语言文化、风俗习惯、工艺美术带入漳州，由此逐渐形成了漳州地区以唐代中原造型风格为基准的审美倾向与造型风格。这种造型特点在漳州唐宋时期的各种古代造型艺术，特别是石雕艺术中都有所体现。漳州年画中的武门神体格健美壮硕、面部丰满、形态质朴，基本延续了自唐、宋以

福建传统印刷图鉴·漳州木版年画卷

鸟走兽类的图案种类繁多，多用以祈求平安吉祥、万事如意、心想事成。"虎、象、狮、豹"作为神兽，有驱邪镇宅等功用；蝙蝠常用来代表"福运"；猴与蜜蜂寓意"封侯"；锦鸡与茶花代表"锦上添花"；凤凰与牡丹代表"富贵文明"。博古类图案也非常丰富，主要有以香炉、瓶花、灯、果品组成的"香花灯果"，用以供奉神佛，表达虔敬之心，并祈求神明保佑赐福；蕉叶与铜

来中原地区雄浑、厚重的造型风格，将之与漳州现存的唐、宋时期石雕相比照，两者在造型风格、装饰手法等方面也十分相近。画中人物姿态大都舒缓、含蓄，表现出国泰民安的气象。

 漳州木版年画中的纹饰图案极为丰富，堪称闽南民间吉祥图式、纹样的宝库，主要可分为人物图案、花鸟走兽图案与博古图案三大类。这些图案与纹饰在闽南地区的建筑装饰、刺绣、剪纸中也经常能见到，多以谐音、寓意和象征的手法来表达思想情感与美好愿望，深受闽南民众喜爱。

 漳州木版年画中的人物图案多表现各种神话传说、历史故事，寓教于乐，借故事情节宣扬忠、义、廉、孝等传统美德。常见的有南极仙翁、魁星、八仙、牛郎织女、姜子牙、郭子仪等。花

漳州清代雕版《日日添丁》墨线版

钱代表的"招财"；花瓶与如意代表的"平安如意"；石榴、佛手和桃子的组合，以象征多子、多福、多寿等。除了这些吉祥图案外，一些装饰纹样也非常精美。如人物服饰常用团龙纹、团花纹、回纹、云纹、水波纹进行装饰。武将铠甲也分为鱼鳞甲、人字甲、六角甲、古钱甲等多种样式，常以两种式样搭配使用，细致精美。

漳州木版年画雕版以流畅、圆润的长线条形成主要的动态与轮廓，以精细、挺拔的短线条表现繁复的图案纹饰，在雕刻时要求刻刀运转自如，刻线讲求挺拔流畅。人物面部的刻线要分出阴阳，衣纹要显示刀锋。根据画面内容，线条或挺拔劲健，或流畅优美，或质朴简练，表现不同的质感。如门神年画的盔甲纹饰精致，衣纹流畅优美，两者对比，使画面质感分明，赏心悦目。在《狮头衔剑》年画中，以细密、均匀的线条来表现狮头鬃毛飘动，强化了画面的装饰效果。

《狮头衔剑》雕版局部

木版年画的套色工艺要求用最少的色版套印出最丰富的色彩效果。漳州的门神年画常用绿、黄、红、白、黑五种颜色，通过对色块的分隔、并置与大小对比来产生绚丽的色彩效果。如年画中人物服饰用色主次分明，相互对应，形成既对比又和谐的画面效果。

漳州年画的底色多以大红、朱红为主，由于是印制在红纸上，多使用覆盖力较强的粉质颜料。印制时水印与粉印相结合，粉印时产生的厚薄不匀使漳州年画具有厚重、斑驳、灿烂的自然肌理。颜料厚处色彩艳丽，颜料薄处又隐隐透出些许底色，色彩既厚实又通透，效果十分独特。印于黑纸上的"功德纸"年画为漳州年画所独有，在黑色底纸上用粉性颜料套印，色彩更显得厚重浓郁、富丽堂皇。

我国木版年画的传统套色工艺多是先印墨线版，后印各色版，而漳州木版年画的印制工艺是先印色版，后印墨线版。它直接采用"饾版"技法分版分色套印，常用三、四色套印，不再另外加笔绘。按印制时选用纸的不同，门神画又可分为"幼神"和"粗神"两种，印制在玉扣纸上的成为"幼神"，印制在万年红纸上的被称为"粗神"。漳州民间喜红忌白，因此以本色纸为底色印制的北方年画往往不受欢迎。漳州年画中的"幼神"年画服饰与造型风格都与北方年画近似，但它在本色纸上又加印了一套红色底色。这种工艺较为独特，似乎是早期北方年画与南方风俗相结合的产物。

1　1 漳州年画《财神献瑞》局部

2　2 漳州功德纸年画《四瑞兽》局部

（四）漳州木版年画的传播及文化影响

南宋时期，福建刻版印书已经闻名于世，从明代开始，又逐渐形成了以漳州、泉州为中心的闽南年画产地。明朝以后，随着侨居东南亚的闽籍人口日益增加，福建年画开始漂洋过海，远销东南亚各地。因此，东南亚地区的年画风格也深受漳、泉两地木版年画的影响。

宋元时期泉州是全国最重要的对外港口，国家积极发展海上贸易，吸引了许多外国人来泉州居住。泉州港繁荣昌盛，"州南有海浩无穷，每岁造舟通异域"，被马可·波罗等外国人称为"世界最大的港口"。元末明初，泉州经历了社会动荡，加上明朝又实行"海禁"政策，泉州港日益衰落，逐渐为漳州港取代。

漳、泉两地风俗相近，都是闽南地区著名的年画产地，两地年画在题材、风格、工艺技法等方面都非常相似，可以看作是同一民俗文化类型。

漳州经营木版年画的颜氏家族，祖籍也是泉州。泉州的木版雕印技术非常发达，早在两宋时，泉州公使库刻书已有多种行世。现存于泉州开元寺的明崇祯年间（1628—1644）刻印的《大方广佛华严经》，扉画《卢舍那佛讲法华严经图》雕版极为精致。清代，泉州木版年画盛行一时，到清朝末年，专业从事木版年画的画肆主要聚集在道口街和义全宫巷一带，有"美记""通兴""重美""三兴"四家。辛亥革命后，"美记""通兴"相继歇业，其所藏画版及部分工人归于新开业的"福记"。不久"重美"倒闭，泉州木版年画只剩"三兴"和"李福记"两家。泉州传统木版套色年画品种丰富、构图饱满、线条坚实、色彩绚丽，具有浓郁的乡土气息，在工艺、题材等都与漳州年画极为类似。常见的有《神荼郁垒》《招财进宝》《春招财子》等，此外还有《西游记》《三国演义》《白蛇传》《牛郎织女》《文王百子》等题材的年画作品。清代泉州"继成堂"是当地最著名的刻字铺，其刻印的历书、春牛图等销往闽台各地，影响很大。在"文化大革命"期间，泉州木版年画画版及年画画作几乎全部被销毁，泉州的传统木版年画画版现仅存一块，藏于闽台缘博物馆，台湾和东南亚地区偶有少量泉州年画印品存世。

除漳泉两地外，福建的福鼎、福安也是福建木版年画的产地。但两地地处福建东北部，与漳州、泉州年画风格相差较大，目前也不多见。

台湾与大陆一衣带水、隔海相望，深受闽南文化影响。台湾原属福建府管辖，光绪年间始建行省。连横在《台湾通史》中指出："历更五代，终及两宋，中原板荡，战争未息，漳泉边民，渐来台湾……""台湾之人，中国之人也，而又闽粤之族也。"大陆向台湾移民的过程中形成了三次大规模的移民潮：第一次是在明朝天启年间，以颜思齐、郑芝龙为首移民台湾北港，人数约3000人左右；第二次是1661年郑成功收复台湾，实行军屯，广招移民，使台湾汉族移民增至10万—12万人，与原土著居民人数相差不多；第三次是1683年郑氏政权结束，清朝统一台湾后，实行开发垦殖，又有许多大陆居民入台。据1930年的台湾统计资料，当时台湾总人口为375.16万人，其中闽籍人口占总人口的80%，来自泉州和漳州的人口分别约占台湾总人口数的44.8%和35.2%。闽人渡台，为求一帆风顺和开垦成功，大多数人都随身携带家乡崇祀的神像或香火之类圣物。因此，闽南人口的大量迁入不仅促进了台湾经济的发展，也造就了台湾以闽南文化为核心的本土文化，其民间信仰、民间习俗都与漳泉两地一脉相承。清道光年间丁绍仪到台湾考察，在《东瀛识略》中写道："台民皆徙自闽之漳州、泉州，粤之潮州、嘉应州，其起居、服食、祀祭、婚丧，悉本土风，与内地无甚殊异。"清代诗人丘逢甲写有《台湾竹枝词》四十首，其中一首写道："唐山流寓话巢痕，潮惠漳泉齿最繁。二百年来蕃衍后，寄生小草已深根。"深刻地阐明了两岸的文化渊源关系。

闽南民居大门上常见的八卦门环

闽南八卦剑狮兽牌

台湾安平辟邪剑狮门额

1　1　漳州颜锦华画店印制的《狮头衔剑》

2　2　台湾台南"吴联发"纸庄印制的《狮头衔剑》

　　雕版图书与木版年画随闽南移民传入台湾。据台湾学者杨永智先生考证，福建输入台湾的版印图书主要在福州、泉州、同安、漳州、厦门五地印刷。漳州的南市街"颜三成"、杨老巷"颜锦华"及"大文堂""世文堂""宗文堂""培兰社""广学堂"、南台庙街"多艺斋"等书局的图书主要销往台湾。早年台湾市面的年画多从大陆输入，后原籍地的年画制作工艺传入台湾，逐渐在台出现"纸庄"及"纸店"自制自售。开发较早的古都府城台南，是受闽南年画影响的台湾传统民俗版画的发祥地，许多知名的作坊如"王泉盈""王源顺""吴联发""吴隆发""成发""源裕""林荣芳""林坤记""吴源兴"等，都集中在赤崁楼附近，古称"米街"的新美街上。在这些年画作坊中，以"王泉盈"店历史最久，其祖先王墙从泉州移居台南即开始印制、贩卖年画，传承至今已有两百多年历史。将现存的漳州木版年画和台湾木版年画相对照，两者无论是在材料、工艺，还是题材、造型等方面都存在高度的相似性，这也成为闽台民间文化艺术传承与交流的极好例证。

二

漳州木版年画的
分类与经典图式

漳州木版年画始于宋末，盛于明清，闽南地区唐宋以来的对外贸易传统，带动了当地经济繁荣与文化发展，为年画的繁荣打下了坚实的物质基础。漳州年画题材丰富，种类众多，在不同的节庆活动中会使用相应的年画品种。其中不仅有春节前后张贴的传统吉祥年画，也有供平时观赏使用的戏出年画、风俗画、纸扎画、灯画，还包括民间宗教祭祀中常用的各类神像与纸马等。这些年画所表现的历史传说、宗教神话、节庆活动、戏曲故事、游戏童玩等内容，涉及到传统社会生活的各个方面。通过对这些画作典型的图式分析，发掘其特点所在，有助于我们加深对闽南年画历史发展的了解及其文化内蕴的探寻。

按题材和功用的不同，可将漳州木版年画大致分为门神画与门画、宗教用年画、灯画与纸扎画、连环画与风俗画、葫芦笨等五大类。

闽南寺庙大门上的彩绘门神

福建传统印刷图鉴·漳州木版年画卷

（一）门神画与门画

漳州木版年画中的门神画和门画，尺寸差异较大，通常每种年画都有从大到小几种尺寸规格，以适应不同的需求。大门神通常分印在两张纸上，最大的门神年画单张尺寸达到53×28厘米；小的门神年画印于单张纸，尺寸仅有18×20厘米。漳州民间喜红忌白，门神画和门画都用红色作底色。印制在万年红纸上的年画，在当地被称为"粗神"年画；印制在本色纸上的年画，必须加印红色背景，被称为"幼神"年画。

1.武门神

武门神意在镇守门庭，驱逐鬼魔，祈福纳祥，大多贴于临街大门和宅院大门，主要有《神荼·郁垒》和《秦叔宝·尉迟恭》两类，此两类武门神也是在我国传统年画中流传最广、最常见的题材。

漳州年画中的"神荼""郁垒"身披盔甲，虎皮冠，分执骨朵(金瓜锤)和铜两种兵器，造型丰满古朴。"秦叔宝""尉迟恭"大多手持鞭、铜，相对而立，背后多插有靠旗，人物服饰深受民间戏曲中武将造型的影响。武门神年画多为立姿，造型较雷同，也有骑马的造型，但保留下来的样式较少。

2.文门神

漳州年画中的文门神主要有《加官·进禄》《簪花·晋爵》两种，多贴于官宦人家的正厅大门。画中人物为朝官打扮，一手持笏板，一手托牡丹花、爵、冠、鹿等物，人物造型雍容华贵、祥瑞和蔼，寓意富贵盈门、官运亨通、福星高照、金榜题名，反映了世人求富求贵的心理。

3. 财神

漳州人长于经商，财神年画在民间极受欢迎。此类年画主要有《春招财子》《招财王》等，多贴于厢房门，意在祈祷财源茂盛，富贵满堂。《春招财子》年画描绘了两仙童（一说为和合二仙）合抱一枚铜钱，蕴藏着"和为贵""和气生财"的含意，体现出中国民间以童子为财神的民间信仰。《招财王》年画表现"憨番进宝"的题材，图中财神骑狮子，一手持蕉叶（"蕉"谐音"招"），一手握铜钱。座前放一个聚宝盆，盆中涌出金元宝、金钱、如意等财宝。身旁侍立两"憨番"，手捧各色宝物。"憨番"凸鼻凹眼，头戴类似西洋礼帽的花帽，样貌独特。此"憨番"形象也经常出现在闽南传统建筑与装饰图案中。这种题材表现了万国来朝的文化优越感，也体现了闽南长期依托海外商贸而形成的开放的海洋文化特色。

4. 送子门神

在中国传统农业社会中，"传宗接代""生子继嗣""多子多福"的观念根深蒂固，送子门神也就成为中国年画中重要的主题。漳州年画中此类门神包括《天仙送子》《年年添丁》《百子千孙》《连招贵子》等品种。其中《天仙送子》描绘祈子之神张仙手持金弓，怀抱婴童，为人送子而来。而《年年添丁》更具闽南特色，画中描绘嬉戏童子两人手捧花灯（闽南话中"灯"与"丁"谐音），这源于闽南有娘家在新年时为出嫁之女送灯（谐音"送丁"）的风俗，意在祝女儿早生子嗣。此类年画多与财神组合在一起，贴于年轻夫妇的房门或内房门。

5. 辟邪型门画

闽南、闽西及台湾地区民宅门额常贴《八卦》《狮头衔剑》《姜尚在此》等门画，目的在于辟邪制煞，祈求家宅平安。漳州年画中的《八卦》图通常由"太极"二字或太极图配以乾、兑、坎、震、坤、艮、离、巽八个字和八卦卦形。边角饰以蝙蝠和八宝图案花样，四角头刻有"元亨利贞"四字。八卦图常悬挂（贴）于门额，或建房安梁时贴于上梁，以求安泰。《狮头衔剑》年画以狮头作正面，兽毛飞张，双目圆瞪，口衔七星剑，额间印有八卦，形象十分威猛，多贴于门额，用以辟邪镇宅。《姜尚在此》年画中姜子牙骑四不象，手持杏黄旗、打神鞭，下方书"姜尚在此"四字，多在逢年过节时贴在门额或船舱门上，以驱灾镇邪，迎来喜庆吉祥。

6. 祈福型门画

闽南民间在年节或喜庆时，会在门格、窗扉、箱柜等处张贴各类内容吉祥的小型年画。漳州年画中此类年画一般规格较小，多在 20×20 厘米左右，也称为"斗方"。张贴方法较为多样，《梅花寿》《梅花春》张贴于门格；《梅花福》贴于米缸、厨房门。《五虎衔钱》年画多张贴于箱柜，在闽南话中"虎"与"福"谐音，且虎在闽南民间信仰中也有财神的意味。张贴于门格的《魁星春》年画，由瑞云和魁星点斗像组成，喻意来春高中，常见于读书人家。

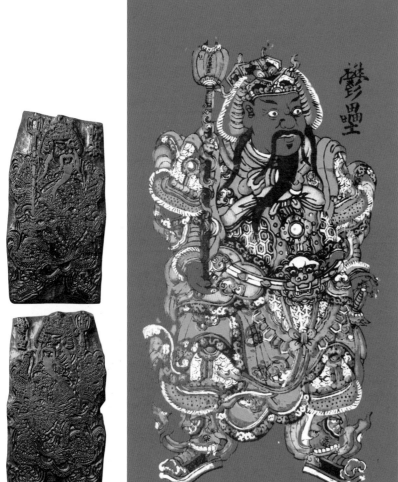

墨线版

52cm×29cm 木版套印／漳州颜锦华木版年画馆藏

年画选登

（1）神荼·郁垒

　　《神荼·郁垒》是我国门神画中最古老的题材。据《三教源流搜神大全》记载："东海度朔山有大桃树，蟠屈三千里，其卑枝向东北，曰鬼门，万鬼出入，有二神，一曰神荼，一曰郁垒，主阅领众鬼之出入者，执以饲虎。于是黄帝法而象之，因立桃板于门户上，画神荼、郁垒以御凶鬼。此门桃板之制也，盖其起自黄帝，故今世画像于板上，犹于其下书'左神荼''右郁垒'，以除日置之门户也。"本图中的神荼、郁垒身披铠甲，戴虎皮冠，一手握剑，一手执金瓜锤。此为清代雕版印制，造型丰满古朴、色彩雍容绚丽，为武门神中尺寸最大者。

（2）神荼·郁垒（幼神）

　　漳州门神年画分为"幼神"和"粗神"两种，印制在万年红纸上的为"粗神"，印制在玉扣纸上并套印红色底色的为"幼神"。此对神荼、郁垒即是"幼神"，人物刻画精致，表情生动，服饰古朴，造型大方丰满，为此类年画中的精品。

41cm×23cm　木版套印／漳州颜锦华木版年画馆藏

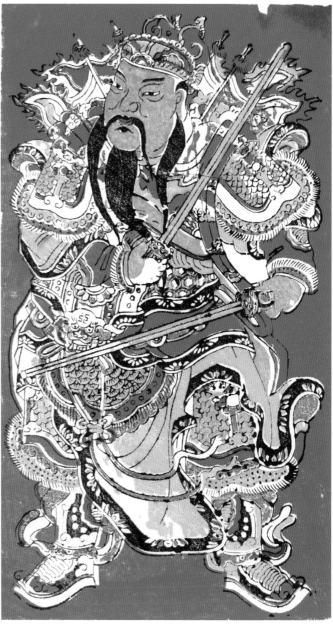

41cm×23cm 木版套印 / 漳州颜锦华木版年画馆藏

（3）秦琼·尉迟恭（幼神）

　　秦琼、尉迟恭皆唐初名将，秦琼字叔宝，尉迟恭字敬德。《历代神仙通鉴》记载："帝（唐太宗）有疾，梦寐不宁，如有祟近寝殿，命秦琼、尉迟恭侍卫，祟不复作。帝念其劳，命图像介胄执戈，悬于宫门。"从此，秦琼、尉迟恭两位武将成为了世代镇宅的门神。此对秦琼、尉迟恭为"幼神"年画，秦琼持锏，尉迟恭握鞭，背后都插有靠旗，人物刻画精致，表情生动，服饰古朴。

（4）秦琼·尉迟恭

　　此对《秦琼·尉迟恭》尺寸不大但颇为精彩，秦琼持双铜，尉迟恭握单鞭，背后靠旗飞动。人物体型粗壮，孔武有力，造型富于整体感；衣纹刻画精致，人物表情生动，极具神采。

墨线版

41cm×23cm　木版套印／漳州颜锦华木版年画馆藏

31cm×19cm 墨线版/漳州颜锦华木版年画馆藏

墨线版

（5）天赐平安福·人迎富贵春

此对武门神尺寸较小，画中人物为唐代名将郭子仪与李光弼，两人为郡王装扮，头戴七梁冠，内着铠甲，外披蟒袍，颇有儒将风采。图中郭子仪一手按剑，一手捧马鞍、宝瓶、仙鹤等物，象征"平安长寿"；李光弼手持桂花、牡丹，代表富贵吉祥。人物刻画极其精致，雕版线条画意盎然，画刻俱佳，极见功力，为清代雕版中的精品。

53cm×28cm　木版套印／颜三成画店／漳州颜锦华木版年画馆藏

（6）簪花·晋爵

　　此对文门神尺寸为同类中最大，色彩绚丽，有力地烘托了吉祥喜庆的气氛。画中人物为朝官打扮，雍容华贵。两人着蟒袍，相向而立，皆一手持笏板，一手托盆，盆中有牡丹花和酒爵。盆中的牡丹花，寓意拈得花魁且大富大贵，酒爵寓意爵位。此对文门神系颜镜明先生雕版，为漳州年画中的精品。

（7）加冠·进禄

　　《加冠·进禄》为漳州门神年画的常见题材。画中人物为朝官打扮，手持笏板，身着蟒袍，面容丰满。一人手托金色小鹿，一人手托官帽。冠寓意官品，鹿寓意俸禄，反映了人们对高官厚禄的祈望。此画为清代雕版印制。

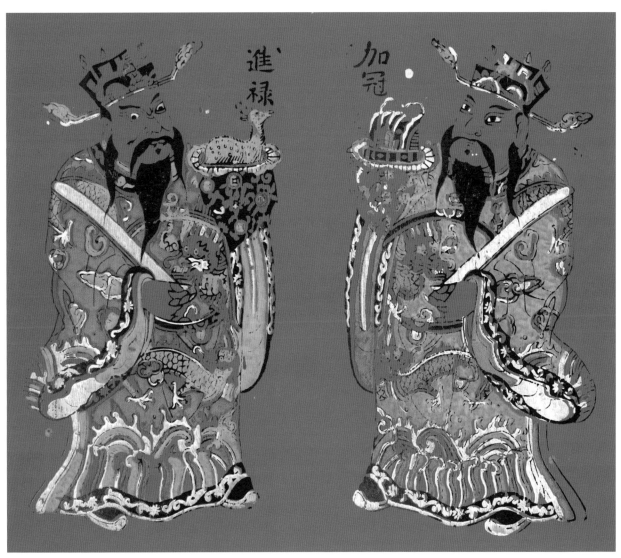

46cm×26cm　木版套印 / 漳州颜锦华木版年画馆藏

（8）加冠·进禄（幼神）

　　画中人物为朝官打扮，手持笏板，身着蟒袍，一人手托金鹿，一人手托官帽。冠寓意官品，鹿寓意俸禄。此为"幼神"年画，清代"锦华堂"画店雕版。

41cm×23cm　木版套印／锦华堂画店／漳州颜锦华木版年画馆藏

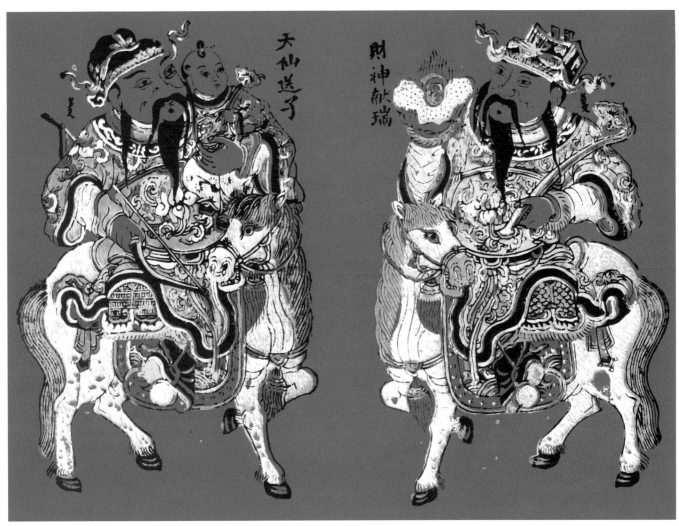

32cm×20cm　木版套印／多文斋／漳州颜锦华木版年画馆藏

（9）财神献瑞·天仙送子

　　《天仙送子》表现民间祈子之神张仙送子的传说，图中张仙一手持金弓银弹，一手抱婴童，婴童持握如意；财神一手持如意，一手捧宝物，两人都骑白马，寓意愿望能马上实现。饾版技法的应用，使颜料的压印效果凸显，生动表现了马毛的质感。人物表情和蔼，姿态生动，是漳州年画中的精品。这是常用于新婚夫妇家大门上的吉祥年画。

41cm×23cm　木版套印／漳州颜锦华木版年画馆藏

（10）年年添丁·日日进财（幼神）

　　《年年添丁》年画中绘有嬉戏童子两人，手捧寿桃形花灯，灯上写着"年年添丁"。闽南语中"灯"与"丁"（即人丁之意）谐音，闽南新年时娘家人为出嫁之女送灯（谐音"送丁"）的风俗，意在祝女儿早生子嗣。《日日进财》图中两童子手捧铜钱和元宝，寓意多多发财。此类年画既求子也求财，多贴于新婚夫妇的房门上。此画版既可印"幼神"年画，也可印"粗神"年画。此为"幼神"年画。

（11）连招贵子

　　画中两个骑马童子，其一手持莲花和蕉叶，闽南话中"蕉"与"招"谐音，手持莲花蕉叶即寓意"连招"；另一童子手持桂花，谐音"贵子"，童子骑白马有"马上"的寓意，表达了尽快得子、连生贵子、多子多福的祈望。此门画尺幅较小，适合小户人家张贴。

19cm×24cm　木版套印／漳州颜锦华木版年画馆藏

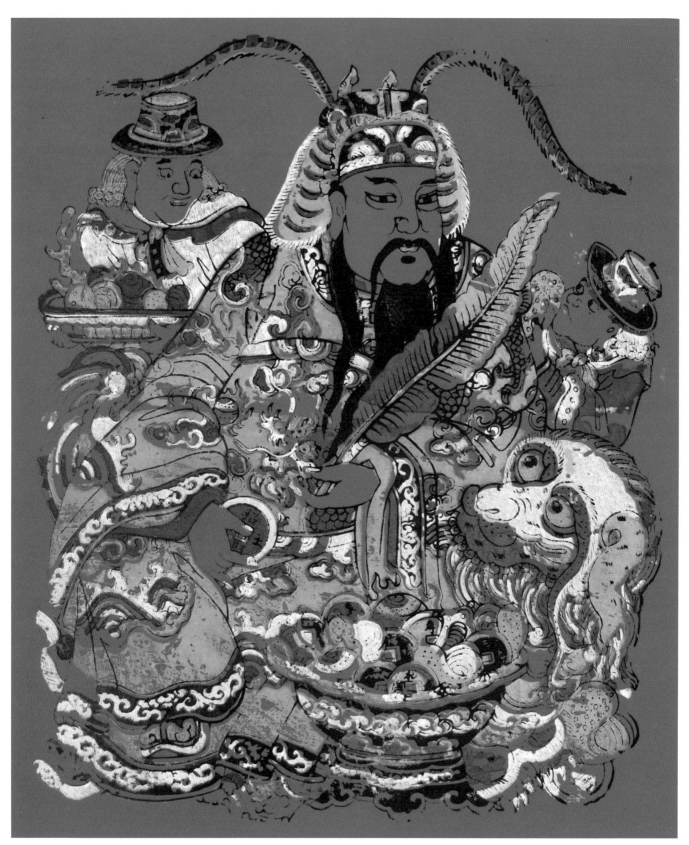

49cm×40cm　木版套印／漳州颜锦华木版年画馆藏

（12）招财王

《招财王》所表现的内容类似于北方年画中相近的题材。画中财神骑狮子，一手持蕉叶（"蕉"谐音"招"），一手握铜钱，钱上写"招财王"三字。座前放一个聚宝盆，盆中涌出金元宝、金钱、如意、珊瑚等财宝。财神身旁侍立两"憨番"，头戴花帽，手捧各色宝物，造型颇为独特。此门画意在祈求财源茂盛、富裕吉祥，多贴于厢房门。

（13）春招财子

门画中的仙童，头梳双髻，相向而坐，合成一个圆形，象征团团圆圆、家庭和睦；手持铜钱，上书"春招财子"（也可念作"春子招财"）。此画尺幅较小，适合小户人家张贴，常挂于厅堂以图吉利。图中仙童一说为招财童子，一说为和合二仙。

16cm×21cm　木版套印／漳州颜锦华木版年画馆藏

（14）狮头衔剑

　　《狮头衔剑》又叫狮咬剑、八卦剑狮，是闽南及台湾地区民宅常见的辟邪制煞的符镇物。图中狮头红眉圆目，五彩鬣毛飞张，双目圆瞪，赤口锯牙，口衔七星剑，额间印有八卦，十分威猛。此类为漳州年画代表作，多贴于大门门额或船舱门之上，希冀辟邪保平安。

34cm×45cm　木版套印 / 漳州颜锦华木版年画馆藏

31cm×34cm 木版套印／漳州颜锦华木版年画馆藏

（15）大八卦

　　八卦中心刻"太极"字样和乾、兑、坎、震、坤、艮、离、巽等卦名，外有八卦卦形。最外层刻有"暗八仙"纹样，八卦两侧另绘有七星剑和法印以增强法力，四角还有"元亨利贞"四字。传说八卦图能驱逐一切凶灾祸害，民间常悬挂或张贴于门额，也在建房安梁时贴于上梁，以求安泰。

24cm×19cm 木版套印／漳州颜锦华木版年画馆藏

（16）魁星春

又称"斗柄回寅"，取"斗柄东指，天下皆春"之意。图中以双勾形式刻印"春"字，字内用云纹填空。"春"字上又绘刻一"魁星"点斗，魁星龙头环眼，上身赤裸，下穿虎皮裙，侧身回望，左手握一枝梅花，右手执笔，喻意来春高中。此画是福建沿海一带居民贴在门额或渔家贴在舱口的门画。

（17）梅花福

以双勾形式刻印"福"字，字内以梅花填空。色彩明快，富丽大方，主要张贴于门格内。

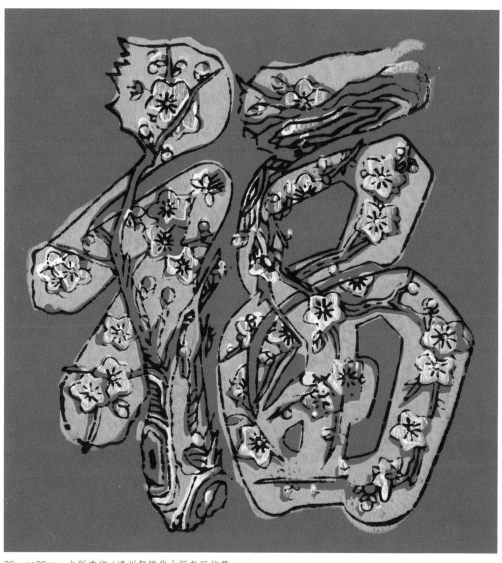

22cm×20cm　木版套印／漳州颜锦华木版年画馆藏

（18）八卦·古老春·狮头衔剑·魁星春

　　漳州的"古老春"即南极仙翁；"魁星春"是在春字图形上绘的魁星图案。此块版上刻有八卦、古老春、狮头衔剑、魁星春等六个图样，印制好后再裁开销售，能提高印制效率。

25cm×38cm　木版套印／漳州颜锦华木版年画馆藏

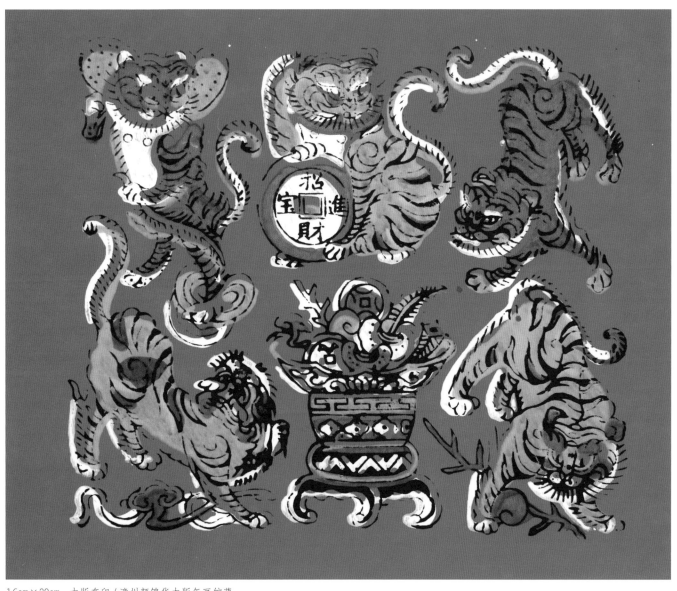

16cm×20cm　木版套印／漳州颜锦华木版年画馆藏

（19）五虎衔钱

　　此画尺寸不大但极其精致。图中五只老虎围绕在聚宝盆周围，神态各异，生动可爱。闽南话中"虎"与"福"谐音，五虎即是"五福"。聚宝盆中盛满各种宝物，寓意财源滚滚。此图多张贴于箱柜，取生财护财之意。

（二）宗教用年画

闽南地区民间的宗教信仰深刻地影响着当地民俗的各个方面，其生产生活习俗、人生礼仪、岁时节庆等都附带了各种祭祀活动和禁忌。新中国成立后，随着社会文明的发展，这些宗教活动与民俗活动中的迷信成分逐渐减少，但宗教仪式和传统风俗依然得到了尊重与保留，与之相关的木版画也成为民俗活动的重要道具。这些在闽南民间年节活动中使用的各类宗教用途的木版年画，按其用途可以分为功德纸年画、神像画、纸马三大类。

1．功德纸年画

以黑纸印制的功德纸年画为漳州年画独有，此类作品用法特殊，画作存世较少。它是在特制的黑纸上用粉质颜料套印白、黄、蓝、红、绿等色，色彩绚丽而沉静。常见有《四季花卉》《四兽图》（虎、豹、狮、象）及《福禄寿喜》等题材。功德纸年画主要在道教法事活动中使用，法事完毕后焚烧或张贴于寺庙。近年来因专用的黑色纸张不再生产，功德纸年画已无法印制了。

2．神像画

闽南地区民俗信仰炽盛，家家户户都设有神龛，供奉祖先牌位，也供奉神像或神像画。漳州年画中的神像画包括《福德正神》（即土地公）《关帝》《天后圣母》等，多贴于室内供祭拜。漳州年画中神灵的多样性也体现了闽南民间多神崇拜的宗教观念。

3．纸马

闽南地区的纸马俗称"寿金"，是指在各类民俗祭拜活动中使用的，印有神像、器物、纹饰及符箓并在祭祀后供焚烧的各种纸品。闽南地区各类祭拜活动较多，要使用对应的纸马，如平日祭拜观音用《莲花金》，祭拜天公用《天公金》，祭拜神佛、祖先用《财子寿》，祭拜土地用《土地公金》，祭拜鬼魂多用《银纸》；此外还有一些在特定节日用到的纸马品种，如农历七月十五中元节"普渡"时用的各种"经衣"、春节前后用来迎神与送神的纸马等。这些纸马造型多样，图案稚拙生动，别具一格。

年画选登

（20）四瑞兽

此画为虎、豹、象、狮四种瑞兽，造型肃穆、质朴，是漳州功德纸年画中的精品。

30cm×22cm　木版套印／漳州颜锦华木版年画馆藏

（21）福禄寿喜

此图中人物分别为代表福、禄、寿、喜四位神灵，色彩绚丽而沉静，富于装饰趣味。

25cm×18cm 木版套印／漳州颜锦华木版年画馆藏

25cm×34cm 木版套印／福建省艺术馆藏

（22）博古花窗

　　此画描绘了宝瓶、香炉、蝙蝠、棋盘等物，画面主次分明，结构疏密得当，具有鲜明的装饰趣味。此图案也常印在玉扣纸上，用作纸厝上的装饰。

32cm×22cm　墨线版 / 漳州颜锦华木版年画馆藏

（23）福德正神

福德正神又称社神、社公、伯公，俗称土地公，在闽台地区几乎每家都供奉其神像。传说福德正神本名张福德，自小聪颖至孝，为官清廉正直，体恤百姓疾苦，做了许多善事，102岁辞世。他死后，人们想念其为政为人，建庙祭祀，取其名而尊为福德正神。闽南民间认为"有土斯有财"，因此福德正神也被视为财神和福神加以祭拜。

（24）天后圣母

此画描绘披云肩的天后圣母，身后有两位执扇仙婢。画面两侧写有"祈求吉庆，合家平安"字样，多贴于家中供祭拜。

46cm×39cm　木版套印／颜锦华画店／漳州颜锦华木版年画馆藏

（25）财子寿

　　漳州供奉神像时焚化的纸马称为"寿金"。在贴锡箔的纸上刷黄色代表金箔，再印上福、禄、寿三星图案，画面边缘还写有"出入平安，日日进财"字样。此画为漳州最常见的寿金品种，人物造型稚拙可爱。

15cm×15cm 单色套印

13cm×17cm 单色套印

（26）莲花金

漳州供观音神像用的焚化纸马。在贴有锡箔的纸上刷黄色代表金箔，再加印莲花。

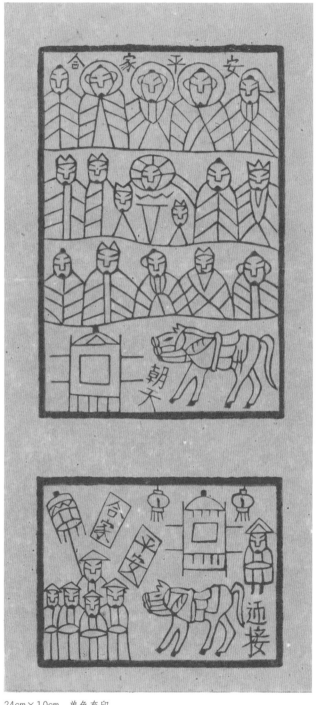

24cm×10cm　单色套印

（27）迎神·送神纸马

　　漳州年节时迎神与送神用的焚化纸马。此类纸马多由当地农民雕版印制，并于春节前在农贸市场销售。此类纸马人物造型稚拙古朴，生动可爱。

（三）灯画与纸扎画

1．灯画

漳州民间月月有节，并有逢节挂花灯的习俗，此类用于花灯装饰的年画需求量很大。据许晴野先生考证，漳州民间一月挂麒麟灯，二月挂博古四屏灯，三月挂孝子灯，四月挂九鹿图灯，五月挂长八仙灯，六月挂荔枝灯，七月挂皇都市灯，八月挂大八仙灯，九月挂龙灯，十月挂祈求平安灯，十一月挂狮子灯，十二月挂郭子仪七子八婿灯。花灯用年画尺幅较小，题材多样，以玉扣纸印制，均按花灯规格需要设计纹样，民间艺术气味浓厚。代表作有《皇都市》《郭子仪七子八婿》等。其中，《皇都市》为婚庆时必用的花灯画；《郭子仪七子八婿》是做寿时必用的花灯画。此外还有《飞天仙女》《八仙拜寿》《四聘图》《奉祀仙女》等品种。这类年画在印好后将其中的图案剪裁下来单独使用或成套使用。其用法较为广泛，可以作为花灯上使用的灯画，也供纸扎铺装饰纸厝时使用。

2．纸扎画

漳州民间祭祀与节庆活动中经常会用到纸扎。纸扎是一种融合编扎、剪贴、版印、彩绘等多种手法于一身的民间技艺。漳州年画中的纸扎画通常用来制作"灯座""七娘妈亭"及装饰各类灵厝，多以飞禽走兽、花鸟鱼虫等图案为主，尺幅通常较小，用玉扣纸印制。常见有《四聘图》《博古花窗》《六鹤同春》《丹凤朝阳》《猴鹿斗》等。纸扎画印好后，将其中的图案剪裁下来单独使用或成套使用，可用在花灯上作为灯画，可用作墙上或窗上的装饰，也可供纸扎铺装饰纸厝时使用，用法灵活。

33cm×19cm　木版套印 / 俊记画店 / 漳州颜锦华木版年画馆藏

年画选登

（28）皇都市

　　戏曲《皇都市》又叫《云中送子》，是闽南婚庆时必演的剧目，俗称"娶新人戏"，在闽南流传极广。闽南民间正月十五有"送灯"礼俗，即娘家送花灯到新出嫁的女儿家中。闽南语"灯"与"丁"谐音，此俗寓"添丁"之意，送女儿的花灯中必须要有画"皇都市仙女送麟儿"的彩灯。此画色彩强烈，装饰意味浓厚，是漳州年画的代表作。

（29）郭子仪七子八婿

　　郭子仪拜寿、打金枝的故事在闽南家喻户晓。讲述唐肃宗时郭子仪八旬寿诞，七子八婿齐来拜寿，独公主恃贵不肯，夫妻争打起来，经帝后劝解，二人合好如初。闽南民间逢年节及喜庆日子有张灯送灯习俗，此图即为庆寿之用的花灯灯画。画面分为两张：一张为郭子仪坐在堂上，七个儿子侍立身旁，前有童子拜寿；另一张为郭子仪夫人端坐堂上，八位女婿分侍两旁，堂前也有童子跪拜。画面喜庆热闹，人物造型自然生动。

18cm×32cm　木版套印／漳州颜锦华木版年画馆藏

36cm×25cm　木版套印／颜三成画店／漳州颜锦华木版年画馆藏

30cm×30cm　木版套印／漳州颜锦华木版年画馆藏

（30）八仙庆寿

　　寿星，又称南极仙翁；八仙即张果老、吕洞宾、韩湘子、何仙姑、李铁拐、汉钟离、曹国舅、刘海八人（注：闽南地区八仙有多种说法，图中左三人物脚踩铜钱，肩扛金蟾，应为刘海）。画中南极仙翁居中，八仙分立两旁为南极仙翁祝寿。常作为花灯和纸厝装饰之用。四块内容相同的画版合雕于一版，能大幅提高印制效率。

（31）飞天仙女

　　飞天仙女背负双翼，手捧香炉。此类年画多单独剪裁，作为花灯和纸厝装饰之用。

（32）奉祀仙女

　　两位仙女脚踩祥云，手捧牡丹、金爵，衣带飘飘，相向而立。牡丹意为富贵，金爵意为官爵，表现了民间求富求贵的愿望。此图多作为花灯和纸厝装饰之用。

20cm×38cm　木版套印／恒记画店／漳州颜锦华木版年画馆藏

27cm×35cm 木版套印 / 漳州颜锦华木版年画馆藏

（33）四聘图

　　《四聘图》为闽南传统木版年画中常见题材。图中有尧聘舜、汤聘伊尹、武丁聘傅说、文王聘姜尚等故事。

15cm×30cm　木版套印／恒记画店／漳州颜锦华木版年画馆藏

（34）加冠进禄

　　画中四人为朝官打扮，手持笏板，身着锦袍。一人托鹿（谐"禄"）；一人捧冠（谐"官"）；一人托酒爵（谐"爵"）；一人捧莲花（谐"廉"），表达了求富求贵的愿望。此幅尺寸较小，不作为门神使用，主要用于花灯装饰。

（35）丹凤朝阳

　　丹凤朝阳是传统的吉祥图案，古人用丹凤比喻贤才，朝阳比喻"明时"，故"丹凤朝阳"有"贤才逢明时"的含意。

25cm×25cm　木版套印／漳州颜锦华木版年画馆藏

（36）博古花斗

　　宋代始出现博古图，民间年画中也常以鼎、炉、花瓶以及琴、棋、书、画、花卉等做成博古图。画中有宝瓶、香炉、葫芦、四季瓜果等，象征四季平安、富贵吉祥。画面主次分明，结构疏密得当，具有鲜明的装饰趣味。常作为花灯和纸厝装饰之用。

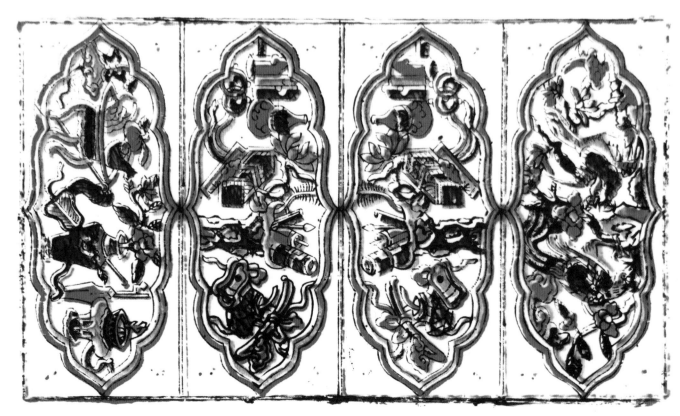

30cm×18cm　木版套印／漳州颜锦华木版年画馆藏

29cm×36cm　木版套印／俊记画店／漳州颜锦华木版年画馆藏

（37）猴鹿斗

　　"猴"谐音"侯"，代表官爵；"鹿"谐音"禄"，代表俸禄和财富。图中一猴持如意戏鹿，乃有"侯"有"禄"之意；一猴用树枝掏蜂窝，"蜂"谐音"封"，即"封侯"之意。

（38）龙柱

　　龙型纹样造型饱满，龙首向天，造型生动，栩栩如生，色彩斑斓艳丽。主要用于纸厝装饰及糊制各类灯座。

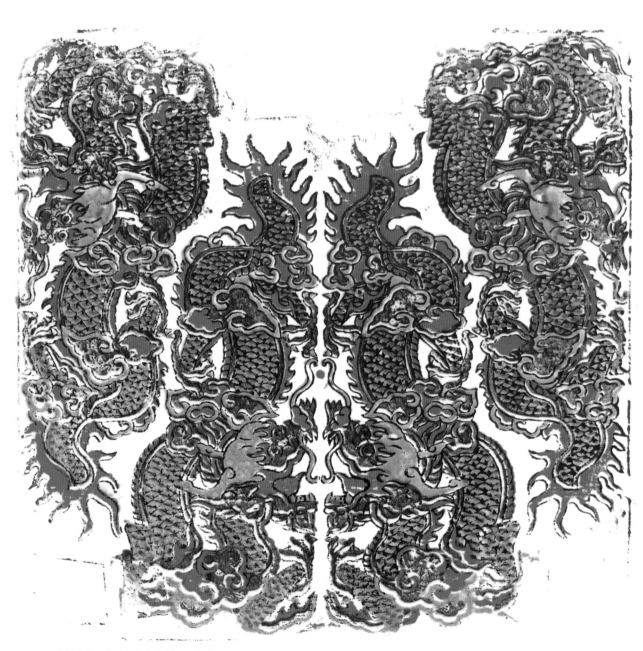

30cm×28cm　木版套印 / 漳州颜锦华木版年画馆藏

（四）连环画与风俗画

1. 连环画

漳州年画中的连环画包括戏曲连环画和故事连环画两类。漳州地方戏曲十分兴盛，漳州人对地方戏曲的熟悉和热爱，也体现在年画的创作中。漳州年画艺人选取民间喜闻乐见的小说与戏曲中的精彩情节，创作出很多表现戏曲故事的年画。现存有《荔枝记》《双凤奇缘》《孟姜女》《说唐》《反唐》等十余种，尺寸一般为 30×40 厘米左右，采用连环画形式，通常分为"前本""后本"两张，每张以 8—9 个回目来反映故事的重要情节，分割铺陈，故事发展过程一目了然。此外，还有《二十四孝》等故事连环画。此类年画多贴在墙上，既能装饰室内环境，又能为长辈给儿孙讲故事时使用，促进了戏曲故事在民间的传播。

2. 风俗画

风俗画也是漳州年画的特色种类。此类画作多用于室内张贴，用以装点居室。漳州风俗年画《老鼠娶亲》表现了闽南民间将新年前后的一天定为"老鼠娶亲日"，当晚不许点灯，好让"老鼠嫁女"的习俗。此外还有《九流图》《端午赛龙舟》等年画，这些年画描绘了闽南民俗节庆的场面，画中人物众多，从侧面展现了漳州丰富的民俗生活场景。民国初期，漳州年画中还出现了《革军大战武昌城》这样表现时事的作品，它不但是辛亥革命时期社会变革的缩影，而且也是人民群众对推翻帝制的革命热情的真实反映。

年画选登

（39）荔枝记前本·荔枝记后本

　　《荔枝记》又叫《荔镜记》《陈三五娘》，是一部明代传奇作品。根据流传于闽南、粤东的陈三、五娘故事改编而来，也是闽南地区梨园戏、高甲戏、潮剧、莆仙戏、芗剧的传统剧目。故事讲述泉州人陈三送兄赴广南任所，路经潮州，在元宵灯市与黄五娘邂逅，互相爱慕。但黄之父母已将五娘许配豪富林大鼻。下聘之日，五娘踏坏聘礼，赶走媒人。次日，陈三路过黄家，两人再遇，五娘投荔枝订情。陈三乔装磨镜匠，打破宝镜，卖身黄家为奴。在婢女益春的帮助下，两人终成连理，并相偕私奔。陈三因此被捕入狱，幸得其兄相助与五娘团聚。此剧带有鲜明的反叛封建礼教色彩，讴歌了男女自由婚姻，在民间非常流行，但为封建卫道者所不容，明清两代屡遭禁演。

30cm×41cm　木版套印／漳州颜锦华木版年画馆藏

荔枝记前本墨线版　　　　荔枝记前本红色版　　　　荔枝记后本墨线版　　　　荔枝记后本红色版

荔枝记前本黄色版　　　　荔枝记前本绿色版　　　　荔枝记后本黄色版　　　　荔枝记后本绿色版

（40）双凤奇缘前本·双凤奇缘后本

　　画作根据民间戏曲故事《王昭君》改编，因故事中有昭君及九姑两位女主角而得名。故事讲述王昭君与毛延寿结仇，受其迫害，昭君出塞后设计斩杀了叛逃番国的毛延寿。后有番僧大闹雁门关，昭君得九姑授法，大破番僧，最后让番王献表归顺的故事。

30cm×43cm 木版套印／漳州颜锦华木版年画馆藏

30cm×40cm　木版套印／颜锦华画店／漳州颜锦华木版年画馆藏

（41）孟姜女前本·孟姜女后本

　　画作根据民间戏曲故事《孟姜女》改编。秦王抽民丁筑长城，范郎也被抽去，逃走后遇到孟姜女，并与其成亲。新婚不久，范郎即被蒙恬捉去斩杀。孟姜女毫不知情，并为范郎做了寒衣亲自送去，一路历尽坎坷，后哭倒长城，并在太白神仙指引下为范郎收拾骨骸。蒙恬抓住孟姜女送与秦王，秦王见她貌美，要册立她为皇后。孟姜女提出三个条件：一建庙安灵；二斩杀蒙恬，祭拜范郎；三秦王戴孝，亲祭范郎。秦王一一依从。几件事都做完后，孟姜女大骂秦王无道，这时范郎云中现身，接引孟姜女，夫妻双双成仙。

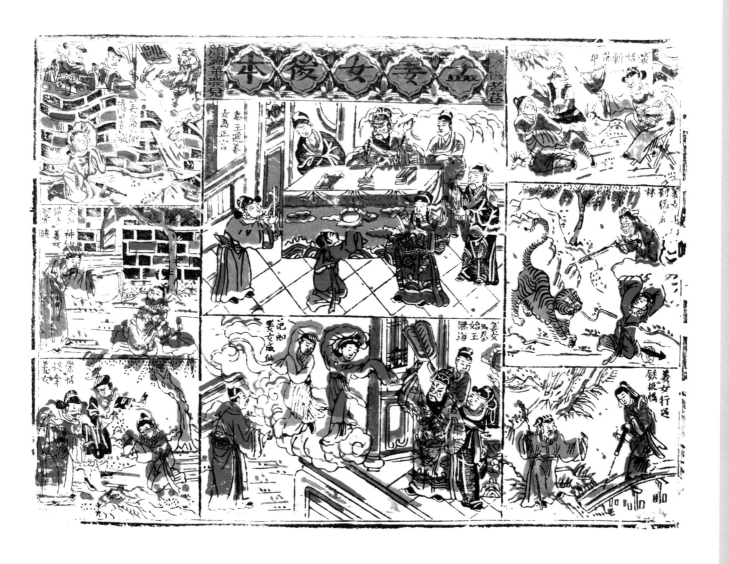

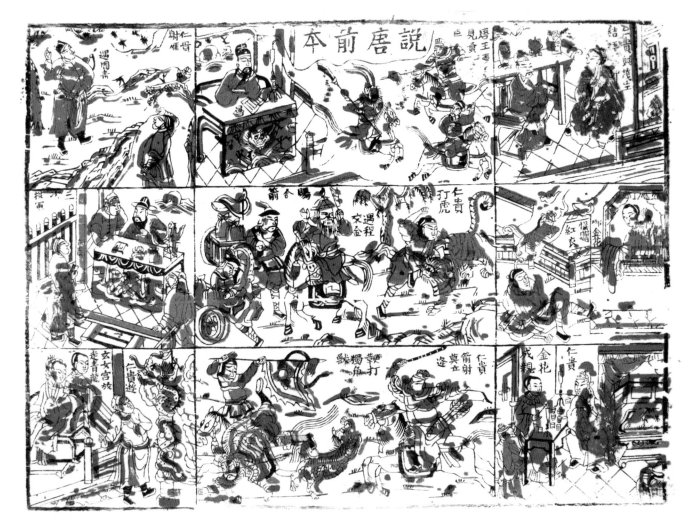

33cm×44cm 木版套印 / 漳州颜锦华木版年画馆藏

（42）说唐前本·说唐后本

　　《说唐》是我国著名的古典小说，由于故事情节生动、人物鲜明，在民间影响很大，一些情节可谓妇孺皆知。漳州年画中的《说唐》主要根据民间戏曲《薛仁贵》剧目改编，讲述了薛仁贵历经种种艰辛，最终帮助唐太宗平定江山，被封平辽王的故事。画中选取了其中的关键情节加以表现，画面生动有趣。

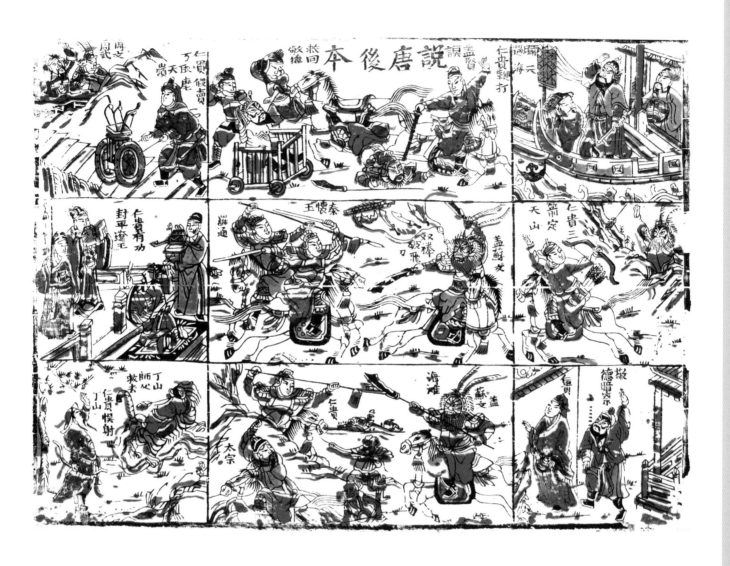

（43）二十四孝图

　　"孝"是中国古代重要的伦理观念，元代郭居敬辑录古代二十四个孝子的故事，编成《二十四孝》，作为宣传孝道的通俗读物。《二十四孝》故事包括：孝感动天、戏彩娱亲、鹿乳奉亲、百里负米、啮指痛心、芦衣顺母、亲尝汤药、拾葚异器、埋儿奉母、卖身葬父、刻木事亲、涌泉跃鲤、怀橘遗亲、扇枕温衾、行佣供母、闻雷泣墓、哭竹生笋、卧冰求鲤、扼虎救父、恣蚊饱血、尝粪忧心、乳姑不怠、弃官寻母、涤亲溺器。本幅作品表现了其中的十二个故事，名称与书中略有不同。

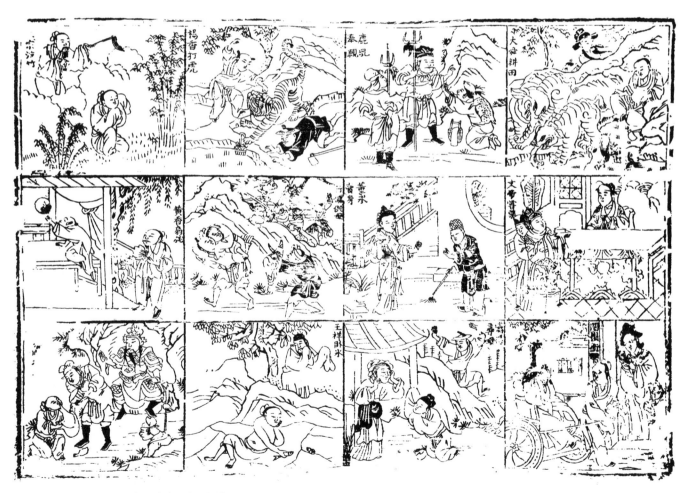

30cm×40cm　墨线版／漳州颜锦华木版年画馆藏

28cm×44cm　木版套印／漳州颜锦华木版年画馆藏

（44）老鼠娶亲

　　老鼠娶亲是我国年画中的常见题材。闽南民间有奉老鼠为"谷神"的习俗，将新年前后的一天定为"老鼠娶亲日"，当晚不许点灯，好让"老鼠嫁女"。所谓嫁鼠，包含有把老鼠逐出家门的意思，嫁鼠于猫更包含了杜绝鼠患的愿望。

28cm×44cm　木版套印 / 漳州颜锦华木版年画馆藏

（45）九流图

　　所谓"九流"，原指儒家、道家、阴阳家、法家、名家、墨家、纵横家、杂家、农家等9个学术流派。此后，"九流"成为旧时人们通过职业对人进行划分的一种方式，并细分为"上九流""中九流""下九流"，分别指代社会中的上、中、下三个阶层。其中"下九流"通常泛指旧时下层社会闯荡江湖、从事各种微贱行业的人。此幅《九流图》描绘了清代漳州社会各阶层人物，是当时社会生活的生动写照。

（46）端午龙舟图

　　漳州民间有端午节龙舟竞渡的风俗，画中表现了竞渡、演戏、拜神、捕鱼、游船、问卜等各色行业的活动，描绘了清代百姓欢庆端午的场景。

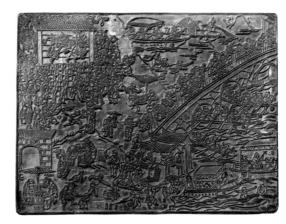

墨线版

32cm×44cm　木版套印／漳州颜锦华木版年画馆藏

（47）大圣练兵

　　以猴子作讽喻的年画在各地年画中屡见不鲜，且为民众喜闻乐见。此画中描绘了一群猴子在"齐天大圣"指挥下操练的场景。这些猴子穿清军服装，有手持刀盾的，有手持火枪的，有手持弓箭的；有站队列的，有骑马的，有打鼓的，有吹号的，不听话的猴子还被按到地上打板子。画面诙谐生动，令人发笑，且包含了较强的政治讽喻意味。此画原为木版套印，其中绿色版上有颜锦华画店店号，今色版已佚。

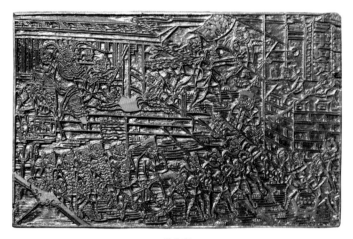

墨线版

28cm×44cm　墨线版/颜锦华画店/漳州颜锦华木版年画馆藏

（五）葫芦笨

《葫芦笨》是一种通过骰子来进行的闽南传统游戏中使用的图画纸，与北方的《选仙格》类似，既有娱乐功能，又兼有识字的功用。在逢年过节和农闲时作为消遣玩具，颇受民众欢迎。漳州的《葫芦笨》分"山顶""海底"两种。山顶葫芦笨图案由八仙、济公、龟、马、驴、象、鸡、玉兔、虎、葫芦、刘海、金钟、古钱、鸟、菜、龙、梅花等组成，终点为"南极仙翁"。海底葫芦笨图案由哪吒、八仙、孙悟空、马、龟精、蛤精、蟹精、目鱼精等组成，终点为"龙王"，通常供船户使用。两种《葫芦笨》图四角均印有四宝，外方内旋转型，供两人以上游戏。游戏时用两粒骰子摇出点数，按"二驴、三蛤、四乞、五鸡、六虎、七宾、八鱼、九肥、十姆、十一剪、十二芦"等口诀来游戏，由外向里逐步前进，依骰子点数多少与口诀中走法来分胜负，与现代"飞行棋"游戏类似。至今在漳州、厦门及台湾民间还能看到此游戏。

年画选登

（48）葫芦笨（山顶）

此为山顶葫芦笨。画中有八仙、济公、龟、马、驴、象、鸡、玉兔、虎、葫芦、刘海、金钟、古钱、鸟、菜、龙、梅花等图案，终点为南极仙翁。玩法如前所述。

28cm×44cm　木版套印／颜锦华画店／漳州颜锦华木版年画馆藏

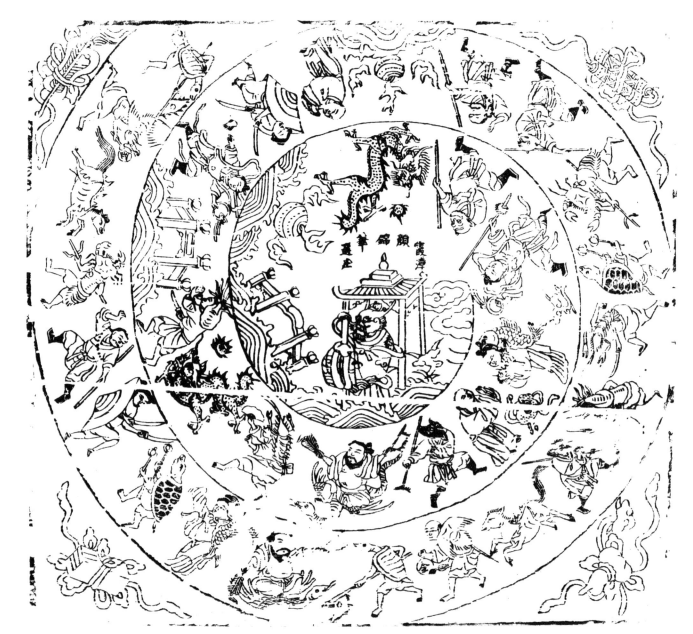

28cm×44cm　木版套印／颜锦华画店／漳州颜锦华木版年画馆藏

（49）葫芦笨（海底）

　　此为海底葫芦笨。画中有哪吒、八仙、孙悟空、马、龟精、蛤精、蟹精、目鱼精等，终点为龙王。海底葫芦笨专供船户在船上使用，玩法如前所述。

附：漳州年画分类贴用及其功能一览表

类　别	年画名称	张贴位置	常规尺寸	功　能	备　注
门神画与门画	武门神	临街大门、宅院大门	规格多样	祈福	有粗神、幼神两种
门神画与门画	文门神	正厅大门	规格多样	祈福	有粗神、幼神两种
门神画与门画	财神	厢房门	规格多样	祈福	
门神画与门画	送子门神	年轻夫妇房门	规格多样	祈福求子	有粗神、幼神两种
门神画与门画	辟邪型门画	门额或船舱门上	规格多样	辟邪	
门神画与门画	祈福型门画	门格、窗扉、箱柜	20cm×20cm	祈福	
宗教用年画	功德纸年画	香案或纸厝	30cm×22cm	法事用	道教法事活动后焚烧或张贴于寺庙
宗教用年画	神像画	正厅室内	规格多样	祈福	
灯画与纸扎画	故事类灯画	花灯	规格多样	装饰	
灯画与纸扎画	人物类灯画	花灯、纸厝	规格多样	装饰	
灯画与纸扎画	装饰图案	花灯、纸厝	规格多样	装饰	
连环画与风俗画	连环画	室内	30cm×40cm	娱乐	
连环画与风俗画	风俗画	室内	30cm×45cm	娱乐	

三
漳州木版年画制作工艺

　　漳州年画历史悠久，其制作工艺也极为考究。传世的漳州年画雕版，人物造型雍容华贵，雕版线条流畅挺劲，显示出极高的绘画造诣和雕版技巧。由于漳州年画大多印在红纸上，因此采用了较为特殊的饾版及粉印的技艺，这让漳州年画的色彩具有一种独特的肌理感。

　　漳州木版年画的制作工艺主要分为雕版工艺与印刷工艺，现就这两部分的材料、工艺分别加以介绍。

（一）雕版工艺

1．材料与工具

版材的选择

  雕版是年画得以传承和延续的核心，因此，对木版年画艺人来说，雕版的选材极为重要。漳州木版年画雕版多选用质地坚硬、纹理细腻、不易弯曲磨损的梨木、红柯、石榴等优质木材为主材料。其中以梨木最为常见，多采自山东、河南一带。这类木材吸水性较强，在长期反复的印刷过程中不会起翘，有利于雕刻好的木版长时间的保存与反复利用。木版年画雕刻墨线稿时，要求木材的表面没有节疤、裂痕、虫孔等瑕疵，稍有瑕疵的木材只能用于套色版的雕刻。而这些木材均属于生长速度较为缓慢的树种，产量有限。为了节省材料与开支、减轻重量、便于查找，漳

州木版年画的雕版多为双面雕版，同时各画版的外形多呈现不规则形状。一般而言，双面雕版所使用的版材较之单面雕版的材料要略微厚一些，厚度约为 5 厘米，而单面雕刻的雕版厚度约为 3 厘米。

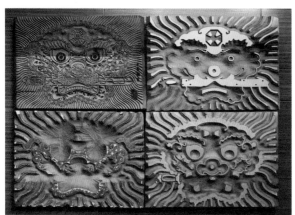

打磨材料：木贼草

木贼草又名千峰草、节骨草、笔筒草等，为多年生直立草本植物，通常高 0.5 米至 2 米之间，全草作药用，能收敛、止血、利尿、发汗等。在旧时，各类砂纸没有普及之前，木贼草主要用于各类工艺品的打磨和抛光。在年画画稿完成后，将画稿着墨的一面紧贴在待雕刻的板材上，然后用木贼草沾水将画稿背面尽量磨薄，透出底下的墨线。这样雕版师傅就能根据清晰的墨线刻出精细的线条。如今，随着电脑打印技术的普及，雕版师傅很少会再使用木贼草打磨画稿了。他们通常会将画稿扫描，在电脑中镜像处理，再将打印出来的画稿直接贴在要雕刻的板材上，就可以开始雕刻了。

雕版工具

在漳州木版年画雕版的雕刻工艺中，雕版师傅的刀具少则数十把，多则上百把。包括作为主刀的拳刀，以及搭配拳刀柄使用的各种宽窄不一的刀片；进行细微雕刻以及完善边缘、进行修边的各种尺寸的剃刀；清渣净底所使用的各种尺寸的推刀；进行配合的弯凿、凿具等辅刀；还有作为辅助工具的敲锤、刨具等。

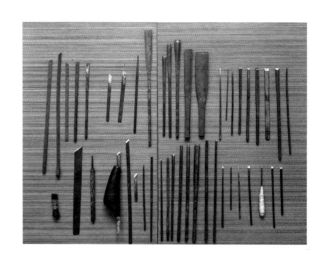

拳刀与拳刀片

拳刀为刻制木版年画所使用的主要刀具，握柄为木质，刀身细长，刀刃处斜如月牙。拳刀柄多以梨木、红木等不易开裂、耐用的木料制作而成，使用一种当地称为"抛光草"的草料进行打

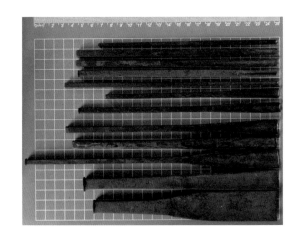

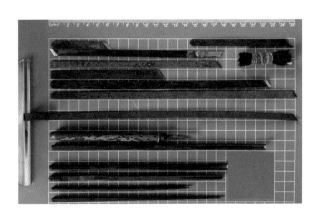

磨。拳刀的刀片可以根据不同情况和需求进行替换，有许多不同大小宽窄的刀片可选择，刀片双面开刃。以前的拳刀片多为手艺人自己手工锻制成型，现在多为合金材料。

剔刀

剔刀，又称剔空，是漳州木版年画雕版工序中常用的刀具种类之一，根据尺寸和使用情况不同可以分为"大剔空""二剔空"等；根据尺寸不同，还可分为一厘、二厘等不同规格。在开始雕版时，刻版师傅会根据所绘图稿的范围，先用

敲锤配合剔刀，将雕版中面积较大的边缘留白区域刨去，以便于留出图像所在位置，方便之后的雕刻工作。在现存年画的雕版中，大多数雕版并非完整的长方形，而是根据所雕刻图案保留最低限度的形状。

推刀

推刀又称"推子"，是在剔刀和拳刀雕刻之

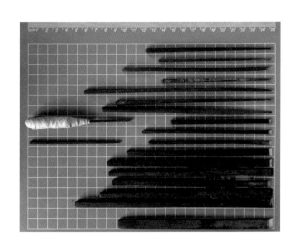

2
1   4
   3

1 年画雕版工具：拳刀刀片

2 年画雕版工具：剔空刀

3 年画雕版工具：推刀

4 颜志仁先生正在用敲锤和剔刀清底（何文巍摄）

后清底时所用；可将缝隙和边缘的木渣清除干净，同时削平底部，保证颜料不会残留。

敲锤

敲锤常配合剔刀使用，用敲锤把稍大面积的色块边缘敲出后，应用剔刀进行敲底清底，将色块底部进行修整、推平，以避免印刷时由于底部走势不一致，颜料堆积形成污垢。在早期漳州木版年画艺人中，敲锤等工具多为自己打磨所制，

制作完成后会使用"抛光草"打磨抛光，使其明亮光滑便于使用。

刨子

刨子是处理拼接好的木材时所需要的工具，其用法是用木刨将木材边缘刨成倾斜的角度，以便于雕版师傅对木版进行雕刻作业，同时也有利于印刷。在木版年画的分色版和墨线版的制作中，通常会将雕版中除了绘稿以外的部分剔除，以便于携带和保存。

2. 雕版工艺流程

木板处理

在雕刻之前，需要先对木材进行一系列的处理。先将木板按照所需的雕刻要求裁成 3 厘米到 5 厘米厚的木板，之后再将这些木板放置于水池中，用清水浸泡 30 天至 40 天，随后将这些木板取出晾干，进行脱水和烘干处理后，方能使用。

木材的拼接与加工

由于用于木版年画雕刻的木材数量有限，且完整无暇的大型木板较为少见，因此需要将数块较小的木材加工处理后进行拼接。将多块小型板材刨至相同的厚度，再将其侧面刨平，以便于拼

接使用。为了确保板材木纹的走势不会影响到雕刻作业，也为了能更好地达到雕版画面的效果要求，应严格注意所拼接的两块板材间的木纹走向，保持木纹的横纵一致。

拼接后的木板需要用刨子刨平，然后使用砂纸进行表面打磨，以备雕刻时使用。要求刻面平整，没有孔洞与毛糙，如有部分孔洞，则需要计算孔洞在之后画面中所出现的位置，再进行进一步的刨平与打磨处理。

画稿的绘制

画稿绘制是木版年画雕刻的前提，画稿绘制的好坏直接影响到年画最终成型的效果。因此年画画师必须要有较高的绘画技能和文化修养，应对所绘制的人物、背景、故事情节了然于胸，并熟悉所绘年画中各式装饰图案的构成以及形式语

言。画稿中对人物形象有固定的要求，如佛像的慧眼要眯，眼尾要有"彩云"，佛耳的耳垂要长；土地公要有笑容，须髯要长，额纹要深；女性的颧骨不可突出，嘴角须向上，眼球要呈童子眼，双眼皮，鼻梁要直，不可出现鹰鼻，眉要秀，头发要细而整齐，腰部要细等。

不同于其他画种，木版年画的画稿在构思阶段便需要考虑木版雕刻与印刷的工艺特色，需要画师们对画面的构图、线条的分布以及色彩的安排进行仔细推敲，不可急于落刀。画稿中的线条应清晰有力，用笔肯定，细节部分尽可能简练明晰，无飞白与破笔等不利于雕刻的用笔。

由于漳州木版年画基本都是分版分色套印而成，因此除了墨线稿以外，还需要根据墨线稿的勾描位置制作相应的分色版画稿。早期漳州木版年画的画稿，多数采用毛笔在宣纸上进行绘制，根据需要刻制的范围再用木贼草进行拓印，然后描出刻印的具体部分。漳州木版年画多采用四色至五色画稿，所使用的颜色大体上包括红、黄、绿三色以及黑白两色共五版。在绘制任何一版时，都要对画稿的尺寸以及布局严格对照，不能错位、重叠，否则会影响后期印刷效果。

贴稿上样

将绘制完成的墨线稿或分色稿用浆糊、胶水

等粘黏在需要进行刻制的木板上。粘贴时要将画稿反转，正面朝向木板，图样反则印刷时正。晾干后用木贼草在画稿上反复刷印磨擦，直至画稿的线条清晰浮现，方可开始刻板。

雕刻步骤

刻版是年画制作工艺最为关键的一环。它要求雕刻师傅既能以刀代笔再现画稿的神韵，又能兼顾印刷工艺的需求，因此是一项技术性强的工作，也最能体现刻版师傅的技艺高低。

木版年画雕版的过程较为复杂，一般而言，木版年画的雕刻先从墨线版开始，墨线版决定了年画整体的构图与位置关系，因此最为关键，难度也最大。雕刻时，一般以人物脸部（包括头帽）为先，接着按手、脚、身的顺序雕刻。其他部分先刻面积大的，后刻面积小的，直至完成。在刻

版过程中，拳刀要运转自如，刻线挺拔流畅，同时在雕刻人物面部时需要将刻线分出阴阳，衣纹需显出刀锋。墨线需刻成上细下宽的楔形，防止木版因热胀冷缩导致较细的线条断裂。雕刻墨线版时尤其需要注意控制线条纹路凸起所预留的宽度与坡度，以保证在印刷时，线条清晰且在交叉拐角处不会积水污纸。所有线条刻完后，最后还要出渣净底，直至底版平整，刻版才算完成。

不同于其他地方的木版年画刻制方式，漳州木版年画在雕刻过程中可将木版转动、颠倒，以便于雕刻师运刀和掌握雕刻走势。分色稿在雕刻时因空白区域较多，需考虑画稿印刷时纸张在空白处塌陷的问题，因此越是大片的阴面，雕刻深度需越大，以此保证印刷质量。

墨线版因为长年反复使用，线条会逐渐被磨粗，此时雕刻师傅可以用刻刀再次对墨线进行修

补修细，一般修过三次后，木版就不能再使用了。

刻版技艺

·阳刻：

在雕刻过程中，将所需线条之外的空白形状刻去，留下黑色线条或所需形状的刻法称为阳刻。阳刻是木版年画的主要刻制方式。考虑到印刷时纸质与颜料水性的影响，雕刻师傅通常会将线条刻得比画稿略细一些，印刷后的效果则正好。若是忠于画稿刻制，在印刷过程中可能出现线条过粗的情况。

·阴刻：

与阳刻不同，漳州木版年画的阴刻多出现于分色雕版中，用于刻去墨线稿的部分，留出所需

的色块。阴刻的刀法，起刀从两侧向内收，形成上宽下细的反楔形，印刷时颜料不会堆积累在木版死角形成污垢，从而影响二次印刷。与阳刻时相同，越是粗的线条在雕刻时越要刻得深，防止纸张在印刷时凹陷。在雕刻除去墨线稿的部分时，也应考虑到纸质与颜料水性对于色块面积大小的影响。

·刻线：

漳州木版年画中的刻线分为直线和曲线。直线部分又分为连续的线段和独立的线段两种：连续的线段从线段之间下刀（此时使用拳刀），再从两边挑起，雕刻师傅在挑起拳刀时应尤其注意角度和力度，以免破坏线条所留部分与其完整流畅性；独立的直线应用拳刀将两边侧削成梯形的

横截面，再用剔刀剔空清渣。曲线部分则考验雕刻师傅的起刀、运刀、收刀的功夫。起刀时雕刻师傅会预留一定的雕刻空间以便之后修改，收刀时要配合运刀的节奏，保证线条的流畅和厚度，以便于印刷和美观。

·刻点：

刻点主要出现在木版年画的兽面以及装饰部分。刻点可看做是连续的曲线雕刻，雕刻师傅起刀向外倾斜于阳刻所留面，将点的边缘雕刻成以点面为顶面的圆台。圆台造型稳定，经过颜料的反复涂抹和年画印刷的挤压后也不易变形和损坏。

·刻面：

年画中刻面也分为阳刻和阴刻，阳刻即在雕刻分色稿时，保留色块面积的同时剔除边缘部分；阴刻则是在刻制墨线稿时，将色块的面的部分凿去。大面积的色块通常先用拳刀刻清边缘，再用推刀将里侧部分推平修整。不同面积的色块，雕刻深度也不尽相同，为的是避免印刷时纸的塌陷影响上色效果。

（二）印制工艺

1. 材料与工具

纸张的选择与使用

　　漳州木版年画要求印制所用的纸张薄而结实、韧而有弹性，这样印出的线条才清晰，颜料才能"吃"进纸里，揭开时也画面不会破。与漳

州毗邻的闽西地区素以产纸而闻名，主要品种为连城玉扣纸（连城四堡曾是宋代雕版书籍印刷地之一）和溪口福书纸。这些纸张均用幼竹纤维手工制作，具有纸色洁白、纸面光滑、质地柔韧、张力均匀、吸水性强、不易磨损、造价低廉等特点。漳州木版年画主要采用闽西玉扣纸和万年红纸印制，万年红纸也是用闽西纸加工而成，颜色鲜艳，不褪色，故称"万年红"，主要用于印制门神画与门画。早年，漳州颜氏家族所用的红纸都是在自己的印染作坊里加工，现在则基本是直接从市场上购买已加工好的万年红纸。除了门神画与门画以外的漳州木版年画，大多用浅米黄色的本色玉扣纸印制，主要用于各种灯画与纸扎年画。漳州民间喜红忌白，若用本色纸印刷门神类年画则需加印一版红色底色，用这种纸印刷的木版年画被称为"幼神"，而印制在万年红纸上的

则被称为"粗神"。

印于黑纸上的"功德纸"年画为漳州年画所独有。印制功德纸年画所用的纸为漳州当地染坊特制，先用锅底灰调制出的颜色将纸染黑，然后在黑纸上打蜡，再用头发做成的发团进行抛光。这样制作出来的纸张厚实、光亮，吸水性低，对水性颜料有很好的附着性。因近几十年没有市场需求，目前此类黑纸已不再生产，其制作工艺面临失传，与之相关的漳州功德纸年画目前也不再印制了。

颜料的调配

漳州木版年画所用颜料分为水性与粉性两种。印制在玉扣纸上的年画多用水性颜料，印制在万年红纸和黑纸上则以粉性颜料为主。由于印粉色时的厚薄不匀，会产生出自然的肌理变化，这使漳州年画色彩腴润饱满，具有如同西洋油画那样厚重、斑驳、丰富、绚烂的视觉效果。

粉性颜料在调配时，通常选用当地的白岭土加工成白颜料，并把青绿、佛头蓝、朱红、金黄、桃红、槐黄等酸性染料或矿物颜料掺入其中，调制成各色粉质颜料。调色前，先将各色料分开，并用水浸泡数日。调色时，用牛皮胶或桃胶溶化色料，渗入适量明矾（以防龟裂）和冰糖（增加亮度），搅拌均匀即可使用。调制颜料的牛皮胶用量讲究，胶多了颜色易龟裂，胶少了颜色易脱落，用量要完全依靠艺人的经验。

在常用的几种颜色中，通常黄色会加点海花胶，大红色略加点桃胶，乌烟要加混水胶及冰糖，使它有发光的效果。但近年来为保护画版，颜料中已经不再加入冰糖。用于印制《老鼠娶亲》中老鼠的灰色，要用锅底黑烟调配，印制出的老鼠皮毛颜色才会比墨汁调出的色彩更有真实感。过去印制墨线版用的墨汁多为锅底黑烟调配，近年来已改用瓶装的墨汁。瓶装墨汁颜色较黑，含胶多，印制出的黑线反光也较为明显。

印制工具

漳州木版年画所用的印制工具主要有印画案台、色刷、棕包、颜料盆、调色盘、纸夹子等。

其作用分别如下：

·印画案台：

印画案台相当简易，由两块架放在竹制支架（俗称"马椅脚"）上的条形木板构成。两板间留有空隙，印刷时可以视画幅的大小与纸张长度自由调整。案台离地约80厘米，前一块板为印画台面，长度略长，印画时用于安放画版和色刷；后一块板略短，为放纸的台面，通常备有用纸张包好的砖块数块，印刷年画时用来压纸。

·色刷：

色刷是蘸色、刷色的专用工具。用棕丝制成，上部用绳子紧密捆绑做成刷把，底部修剪成圆平底，整体为圆锥形。底部直径约20厘米，刷把直径约8厘米。色刷高度没有一定标准，但从刷把捆绑处到色刷刷尖距离约为16厘米。色刷大部分为自制，以合手为宜。

·棕包：

棕包是用来按压印画纸张，使画版上的颜色能均匀压印到画纸上的专用工具。棕包由棕树上的棕丝制成，约为40厘米长，15厘米宽，3厘米厚。制作时要求表面平整，不挂纸。

·颜料盆：

采用烧制的瓦盆，盆里上釉。盆口直径约25厘米，高约10厘米。主要用来存放颜料。

·调色盘：

浅底圆盘，印刷墨线版时用来盛放墨汁，印刷色版时用来盛放颜料。

·纸夹子：

由两块木条制成（也可以用竹子劈开来使用），木条中间夹上纸张，两端再用麻绳捆扎，主要用于固定纸张。

2. 印制工艺流程

我国传统木版年画套色工艺大多是先印黑线版，后印各色版，而漳州木版年画的印制工艺与众不同，先印色版，后印黑线版。整个印制工艺采用"饾版"技法分版分色套印，不再另外笔绘。通常用是四色、五色套印，最多为六色套印。印制过程有严格的操作程序和基础要领。

夹纸

首先是夹纸，用纸夹将裁好的纸张夹紧，通常50—100张一夹。纸要夹得整齐结实，不易松动。一边放在放纸台的边缘，另一边压上砖头固定后将纸向上掀起待印，一边印完晾干后可以再印另外一边。

固定色版

纸张放好后就要固定版的位置，通常先将色

印画案台　　支架　　　　　颜料盆　　　　　　棕包　　　　纸夹子　调色盘

画版定　　　座位　　　　　　　　　　　　　色刷　　　墨汁
位垫板

年画印制工作台

版固定，再在印制台面上放上毛巾或者布垫子，好地固定版，也能起到保护版的作用。

然后将画版平放在上面，在画版下再加布垫或用

纸折叠后垫在下面，加以调整，直至画版平稳。　调色

因漳州木版年画雕版多为两面雕刻，这样既能较　　将颜料盆、调色盘、棕包和色刷放在顺手的

位置，从颜料盆中取适量颜料放入调色盘，用色刷在调色盘内调匀颜料，再将色刷立放在调色盘内。

印色版

印画时一手抓住纸张，一手握持色刷沾色料，将它均匀地涂刷在画版表面；再将纸放下，用手指将纸拉紧轻压在版上，然后用棕包按照"先中间后两边"的顺序按压、摩擦纸背。要均匀拓压，这样年画的线条才能清晰。色彩印好后，掀开纸张检查印制效果，如果有画版偏离的情况，要及时调整画版位置。印好色的纸自然垂放在印刷案台的空隙间，然后再取下一张纸。如此不断重复相同的流程，直至纸夹上的纸全部印完。

晾画

一套色印完后，要将印好的画纸放在阴凉通风处。晾的时候要注意湿度的把握，晾的太干纸会起皱，不利于下一套色的印制；晾的不够，纸容易相互粘连，印刷时会串色，都会影响印刷效果。

对齐色版

印下一套色时，先把待印的色版放在印制台面上，取出第一张画纸放到新换的色版上，用手触摸大致将画版定位，随后开始印刷。根据开始一两张的画面效果，将画版调整到合适的位置，这才进行批量印制。整个印制过程中，印制者要靠自己的观察，凭经验调整套色对位。同时还要根据印制效果，及时调整颜色配比以及含胶量。

印制墨线版

色版全部印完后，最后印墨线版。对齐墨线版的方法与对齐色版相同。墨汁的调配需要不浓不淡，上墨的量要不多不少，按压时动作应迅速，用力均匀，这样才能印出清晰匀整的墨线。

晾画、裁边

印刷完毕之后，将画放置阴凉干燥处晾干，并裁齐纸边。整套年画制作过程方告完成。

功德纸年画印刷工艺也与此相同，色版印完后也要再印墨线版。由于墨线颜色比黑色纸更深且略带光泽，画面也显得更加精致。

颜仕国先生年画印刷流程：蘸墨（何文巍 摄）

颜仕国先生年画印刷流程：给墨线版上色（何文巍 摄）

颜仕国先生年画印刷流程：上纸（何文巍 摄）

颜仕国先生年画印刷流程：鬃刷按压（何文巍 摄）

颜仕国先生年画印刷流程：成稿（何文巍 摄）

四
漳州木版年画
传承谱系与发展现状

　　除了传世的年画作品和年画刻印技艺，年画艺人的传承谱系、年画店号的历史故事也是漳州木版年画文化传承中的重要一环。然而，以往的文献资料对年画这类民间工艺品较少提及，清代以前的画版与画作又极少能保留下来，这为年画图式和年画技艺的谱系研究带来了一定的困难。不过，根据现有的少量历史文献资料、建国以来的调查记录、族谱及传承人口述史料，我们大致能了解清朝末年以来，漳州地区传统画店的分布情况及年画艺人的传承谱系。

（一）画店

漳州是闽南地区的商贸重镇，也是闽南雕版图书的重要产地和销售中心。漳州印制的各类图书不但销往内陆各地，而且还大量销往台湾及海外，在我国台湾地区至今还能找到不少明清时期漳州书坊印制的各类书籍。

明清时期，漳州书坊中比较出名的包括"大文堂""世文堂""宗文堂""培兰社""广学堂"南台庙街"多艺斋"、南市街"颜三成"、杨老巷"颜

锦华"等。由于这些书坊今已无存，我们只能从文献记载以及流传下来的图书实物中窥见当时漳州书坊兴盛的情景。

漳州木版年画的发展经历了漫长的过程。早期漳州书坊以印书为主，到明代初年，有"曲文斋""多文斋"等书坊兼营年画。漳州专营年画和各类纸马的店铺被称为纸料店或纸店，这些店有的自印自卖，有的则代卖其他店铺的年画及纸马。大的店铺多汇集在

颜仕国先生年画印刷流程——棕刷按压（何文巍 摄）

漳州香港路"泰漳刻处"老匾额

漳州香港路"鸿盛纸店"老匾额

"多文斋"画店署款

"颜锦华"画店署款

"颜三成"画店署款

"锦华"画店署款

"恒记"画店署款

"颜三成"画店刊印的木版图书

"颜锦华"画店署款

"俊记"画店署款

市区内的南市街、联仔街（即现在的台湾路、香港路）一带。清代到民国时期，漳州的年画作坊发展至20余家，较著名的有：香港路的颜氏"锦华堂"作坊、"裕泰"作坊、"丰盛"作坊、"汝南"作坊；东门街的"联大"作坊、"同盛"作坊；厦门路的"游文元"号作坊；台湾路的"彩文楼""洛阳楼"；联仔街的"锦文"年画店等。

漳州最大的年画作坊首推颜氏家族的"锦华堂"老店。鼎盛时期，设在杨老巷祠堂的作坊占地面积多达1200平米，工人近百人，还在道口街一带设有九间刻字铺，为总店业务服务。年画品种有200余种之多，个别品种成交量在多至数千对以上，为漳州同行所不及。如今，颜氏家族依然藏有祖传图书雕版2000余块，其中大部分为清代雕刻。这些雕版画面生动精妙，字体优美，足以代表明清时期漳州雕版的工艺水平。

据《颜氏族谱》记载：颜氏家族原籍山东曲阜，其先祖颜泊于后唐时入闽，因平闽粤有功，封建德侯，为福建颜氏始祖。福建颜氏初居永春石砾，后迁达埔。此后六传至颜愷，北宋庆历年间，他以贡举辟任漳州路教授，为漳州肇基始祖。漳州第十四世颜伯旭于明洪武间乔迁瀛台；二十世颜侃素，又迁至平和；二十五世颜天祥迁居漳州怀恩巷。至清道光年间，漳州世系第二十九世颜廷贯、颜神福两兄弟因仕途不顺，先后辞官回漳州杨老巷总兵府定居，并合营开设"锦华堂"刻字铺，两人也成为漳州颜氏木版年画的创始人。"锦华堂"后来分设黑红两房，且逐渐在漳州印书作坊中崭露头角，还赎买兼并了"曲文斋""胡庆堂""文华堂"等印书作坊。至光绪年间，第二代传人、三十世颜腾蛟创设"腾蛟书画店"，继续赎买兼并年画书籍作坊"多文斋""多艺斋"等。除继续以买来的店号经营外，颜腾蛟还创办"颜锦华""恒记"店号。此后，第三代传人、三十一世颜永贤、颜永池成立"俊记"，1930 年创"颜锦源纸店"店号，颜永贤所书匾额至今犹存。民国初年，颜永贤之子、第四代传人、三十二世颜镜明，与兄弟颜镜清、颜镜光、颜镜亮、颜谋等合作经营"颜锦源"店号。1945 年，颜镜明将"颜锦源"店号留给侄子颜玉成，自己另创"颜三成"店号。新中国成立前，由第五代传人、三十三世颜文华创办的"余珍亭社"，继续经营木版年画。2006 年颜文华、颜仕国父子创办"漳州颜锦华木版年画馆"，采用传统技法，用家藏老版继续印制和销售木版年画。目前颜氏木版年画由颜文华先生次子颜仕国先生接管，他也成为颜氏木版年画的第六代传人。

（二）年画艺人

颜氏家族的作坊作为漳州最大的木版年画作坊，聚集了众多优秀年画艺人。他们不仅善于从闽南传统木刻版画中汲取养分，又能从现实生活中发现新的素材，丰富了年画表现题材和内容。正是由于一代又一代默默无闻的民间年画艺人的传承与发展，才使漳州木版年画在艺术与技艺两方面都达到了极高水平。颜氏家族自清代开始一直从事木版年画的制作与经营，因而非常注重对家族后备人才的培养。漳州颜氏在木版年画方面人才辈出，年画技艺传承有序。漳州目前所知的木版年画艺人都是来自颜氏家族。今择其有代表性的艺人介绍如下：

颜廷贯、颜神福兄弟，道光年间人，生卒不详，为漳州颜氏木版年画创始人。传廷贯善画、神福善刻，两兄弟合作创办"锦华堂"。

颜腾蛟，同治年间人，生卒不详，为漳州颜氏木版年画第二代传人。他擅长画、刻、印，是一名全能艺人，创办"腾蛟书画店""颜锦华""恒记"等店号。在他的经营下，颜氏家族的红、黑两房迅速发展起来，赎买兼并年画书籍作坊"多文斋""多艺斋"等画店。

颜永贤，光绪年间人，生卒年不详，颜氏木版年画第三代传人。擅长雕版，与颜永池一起创办"俊记"。还创办了"颜锦源纸店"。

颜永池，光绪年间人，生卒不详，颜氏木版年画第三代传人，与颜永贤一起创办"俊记"。

颜永庄，光绪年间人，生卒不详，颜氏木版年画第三代传人，名画工。

颜镜明（1902—1976），颜氏木版年画第四代传人，颜永贤之子。通医术，擅长画、雕、印，是一名全能艺人。早年和兄弟镜清、镜光、镜亮及颜谋以"颜锦源"为店号继续经营祖业，后创

"颜三成"店号。1957年，颜镜明印制的漳州木版年画作为中国民间艺术作品，参加了前苏联及东欧各国的展览，蜚声中外。

颜文庆（1926—1996），颜氏木版年画第五代传人，颜镜光之子，擅刻雕版。早年在漳州图章社工作，后进入漳州乐器厂，从事乐器部件的雕刻与乐器制作。在乐器厂并入漳州工艺厂后，他继续从事乐器制作。

颜文华（1930—2009），颜氏木版年画第五代传人，颜镜明次子，中医。他早年辍学随父经

营木版年画，掌握了较为熟练的印刷技术，后创办"余珍亭社"经营年画生意。20世纪50年代因木版年画被认定为出版物，不准印售，他帮助父亲颜镜明将雕版封存，自己改行从医。改革开放后，漳州木版年画重获新生。1986年，颜文华先生应文化部门邀请，选印了部分年画精品，送给国内儿家科研院所保存。同年9月，由颜文华先生印制的木版年画参加了福建省民间美术展

览会，《福建画报》也选登了多幅漳州木版年画。

颜志仁（1955—　　），颜氏木版年画第六代传人，颜文庆之子，擅长年画雕版技艺与竹刻。早年跟随父亲颜文庆学习雕版技艺，随奶奶王娶治学习印画技艺，1972 年进入漳州工艺厂竹雕车间工作，后转入乐器厂。1977 年后先后在二轻机械厂、二轻农械厂工作。2010 年退休后重拾刻刀，开始老画版的修复与复刻工作。

颜仕国（1966—　　），颜氏木版年画第六代传人，颜文华次子。现为国家级非物质文化遗产传承人。颜仕国自幼随父学习印画技法，于 2006 年创办"漳州颜锦华木版年画馆"，印制和销售木版年画。从 2006 年至今，他印制的漳州传统木版年画先后在西安、福州、北京、台湾等地展出，引起较大反响。

颜朝俊（1973—　　），颜氏木版年画第七代传人，为第四代艺人颜玉成之孙。自幼随着奶奶与母亲颜亚妞印制年画，1994 年开始整理家传的老画版，并研究和学习雕版技艺。2000 年逐步开展漳州年画老画版的复刻工作，2018 年成立"漳州木版年画俊记工作室"，主营年画及年画相关的文化创意产品。

附：颜氏历代画店与艺人传承一览表

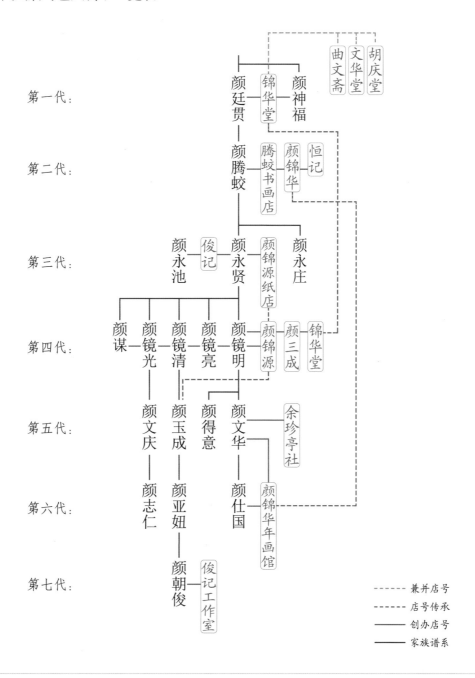

（三）发展现状

20 世纪 50 年代后，由于一些历史原因，年画作为印刷品被禁止生产，木版年画作坊大多停业，由此直接导致了漳州城乡年画购买与张贴习俗的改变。1957 年，颜家传人颜镜明先生印制了一套漳州传统木版年画，作为中国民间艺术作品参加了在前苏联举行的东欧各国民间艺术展览，让漳州年画重新回到民众视野。1986 年颜文华先生又印制了一套传统木版年画参加福建省民间美术展览会，福建工艺美术界为之惊叹不已，各报刊杂志也争相介绍。1987 年，漳州木版年画晋京参加美展。此后的近三十年间，漳州木版年画也多次在北京、西安、福州、台北等地展出。2006 年 5 月，漳州木版年画被列入中国第一批国家级非物质文化遗产名录。同年，颜文华、颜仕国父子成为漳州木版年画的传承人。在老友周铁海先生的鼎力协助下，创办了"漳州颜锦华木版年画馆"。2009 年 1 月，中国国家邮政总局发行了《漳州木版年画》特种邮票。2017 年，颜仕国先生成为"漳州木版年画"项目的国家级非物质文化遗产传承人。

国家级非物质文化遗产证书

木版年画作为一项非物质文化遗产，其生存与发展都依赖于社会对传统年画的市场需求。

随着近年来学界对漳州年画历史与文化研究的开展，以及国家对非物质文化遗产保护工作的持续推进，年画的文化价值也越来越受到社会的认可，漳州年画技艺得到一定程度的保护与传承。漳州市政府与文化机构也一直努力推动传统年画重新回归生活。但由于现代生活方式的转变，市场对传统传统年画的需求依然十分有限，形势不容乐观。不过自 2010 年来，颜仕国先生的堂兄、雕版艺人颜志仁先生重拾刻刀，复刻了一些传统画版；颜氏家族的年轻一代中，颜朝俊先生开始专职投身于年画行业，并于 2018 年开设"漳州木版年画俊记工作室"，进行传统年画与年画文创品的开发与销售工作。虽然目前国内传统木版年画的整体发展形势依然严峻，但随着近年来文创产业的逐渐兴盛，漳州木版年画一定会获得新的发展机遇和市场空间。

后记

我最早接触传统木版年画是在 2007 年年底，那年去漳州调研，第一次看到传统木版年画印制的场景仿佛历历在目。2009 年，我作为第二作者，出版了《漳州木版年画艺术》一书，那本书让我与漳州木版年画结下了一段不解之缘。今年，我有幸得到福建美术出版社的委托，承担本书《福建传统印刷图鉴·漳州木版年画卷》的编写工作。不觉心里有些感慨，时光飞逝，离我第一本年画书的出版竟然已经过去十年了。

在这十年里，我对漳州木版年画的研究也有了许多新成果和新发现。于是在原《漳州木版年画》一书的基础上，我又进行了一定的修改和增补。在此，我要特别感谢本书责任编辑郭艳女士的信任，感谢我先生王晓戈博士提供的许多新材料。此外，还很感谢漳州年画艺人颜仕国、颜志仁和颜朝俊先生的大力支持，感谢福建师范大学研究生何文巍同学提供的部分图文资料。

最后，我想以此书献给所有珍爱漳州木版年画的朋友们，你们的关注是我工作的最大动力。

龚晓田

2019 年 12 月 14 日